21世纪高等学校规划教材 | 计算机应用

C语言程序设计
上机实验指导及习题解答

杜庆东　主　编
闫红　张静　高婕姝　郝颖　封雪　副主编

清华大学出版社
北京

内 容 提 要

本书是张静教授主编的《C语言程序设计》(清华大学出版社,2015)的配套教学用书。全书由实验要求及环境、上机实验和综合训练三部分内容组成。第一部分为上机实验要求及实验环境,内容包括上机实验目的及 Visual C++ 6.0 程序开发环境,重点介绍了 C 程序文件的建立、编辑、编译、连接、运行和调试方法。第二部分为实验内容,由 12 个实验项目组成,选配了 C 语言教学内容相关的习题,题型包括选择、填空、改错等。第三部分为综合训练,选配了计算机等级考试上机综合练习,涵盖了 C 语言的全国计算机等级考试题型,各类数据类型、程序结构和典型算法。本书所有习题均附有参考答案。

本书适用于高等院校各专业的计算机基础教学,也可供继续教育学院、技能型人才教育培训机构使用,还可供相关专业人员自学使用。

本书封面贴有清华大学出版社防伪标签,无标签者不得销售。
版权所有,侵权必究。举报:010-62782989,beiqinquan@tup.tsinghua.edu.cn。

图书在版编目(CIP)数据

C 语言程序设计上机实验指导及习题解答/杜庆东主编. --北京:清华大学出版社,2015(2025.2重印)
21 世纪高等学校规划教材·计算机应用
ISBN 978-7-302-39145-6

Ⅰ.①C… Ⅱ.①杜… Ⅲ.①C语言-程序设计-高等学校-教学参考资料 Ⅳ.①TP312

中国版本图书馆 CIP 数据核字(2015)第 017927 号

责任编辑:付弘宇 薛 阳
封面设计:傅瑞学
责任校对:李建庄
责任印制:丛怀宇

出版发行:清华大学出版社
网   址:https://www.tup.com.cn,https://www.wqxuetang.com
地   址:北京清华大学学研大厦A座   邮 编:100084
社 总 机:010-83470000   邮 购:010-62786544
投稿与读者服务:010-62776969,c-service@tup.tsinghua.edu.cn
质量反馈:010-62772015,zhiliang@tup.tsinghua.edu.cn
课件下载:https://www.tup.com.cn,010-83470236

印 装 者:三河市君旺印务有限公司
经   销:全国新华书店
开   本:185mm×260mm   印 张:13.5   字 数:335 千字
版   次:2015 年 3 月第 1 版   印 次:2025 年 2 月第10次印刷
印   数:7901~8200
定   价:39.80 元

产品编号:062556-02

出版说明

随着我国改革开放的进一步深化,高等教育也得到了快速发展,各地高校紧密结合地方经济建设发展需要,科学运用市场调节机制,加大了使用信息科学等现代科学技术提升、改造传统学科专业的投入力度,通过教育改革合理调整和配置了教育资源,优化了传统学科专业,积极为地方经济建设输送人才,为我国经济社会的快速、健康和可持续发展以及高等教育自身的改革发展做出了巨大贡献。但是,高等教育质量还需要进一步提高以适应经济社会发展的需要,不少高校的专业设置和结构不尽合理,教师队伍整体素质亟待提高,人才培养模式、教学内容和方法需要进一步转变,学生的实践能力和创新精神亟待加强。

教育部一直十分重视高等教育质量工作。2007年1月,教育部下发了《关于实施高等学校本科教学质量与教学改革工程的意见》,计划实施"高等学校本科教学质量与教学改革工程(简称'质量工程')",通过专业结构调整、课程教材建设、实践教学改革、教学团队建设等多项内容,进一步深化高等学校教学改革,提高人才培养的能力和水平,更好地满足经济社会发展对高素质人才的需要。在贯彻和落实教育部"质量工程"的过程中,各地高校发挥师资力量强、办学经验丰富、教学资源充裕等优势,对其特色专业及特色课程(群)加以规划、整理和总结,更新教学内容、改革课程体系,建设了一大批内容新、体系新、方法新、手段新的特色课程。在此基础上,经教育部相关教学指导委员会专家的指导和建议,清华大学出版社在多个领域精选各高校的特色课程,分别规划出版系列教材,以配合"质量工程"的实施,满足各高校教学质量和教学改革的需要。

为了深入贯彻落实教育部《关于加强高等学校本科教学工作,提高教学质量的若干意见》精神,紧密配合教育部已经启动的"高等学校教学质量与教学改革工程精品课程建设工作",在有关专家、教授的倡议和有关部门的大力支持下,我们组织并成立了"清华大学出版社教材编审委员会"(以下简称"编委会"),旨在配合教育部制定精品课程教材的出版规划,讨论并实施精品课程教材的编写与出版工作。"编委会"成员皆来自全国各类高等学校教学与科研第一线的骨干教师,其中许多教师为各校相关院、系主管教学的院长或系主任。

按照教育部的要求,"编委会"一致认为,精品课程的建设工作从开始就要坚持高标准、严要求,处于一个比较高的起点上;精品课程教材应该能够反映各高校教学改革与课程建设的需要,要有特色风格、有创新性(新体系、新内容、新手段、新思路,教材的内容体系有较高的科学创新、技术创新和理念创新的含量)、先进性(对原有的学科体系有实质性的改革和发展,顺应并符合21世纪教学发展的规律,代表并引领课程发展的趋势和方向)、示范性(教材所体现的课程体系具有较广泛的辐射性和示范性)和一定的前瞻性。教材由个人申报或各校推荐(通过所在高校的"编委会"成员推荐),经"编委会"认真评审,最后由清华大学出版社审定出版。

目前，针对计算机类和电子信息类相关专业成立了两个"编委会"，即"清华大学出版社计算机教材编审委员会"和"清华大学出版社电子信息教材编审委员会"。推出的特色精品教材包括：

(1) 21世纪高等学校规划教材·计算机应用——高等学校各类专业，特别是非计算机专业的计算机应用类教材。

(2) 21世纪高等学校规划教材·计算机科学与技术——高等学校计算机相关专业的教材。

(3) 21世纪高等学校规划教材·电子信息——高等学校电子信息相关专业的教材。

(4) 21世纪高等学校规划教材·软件工程——高等学校软件工程相关专业的教材。

(5) 21世纪高等学校规划教材·信息管理与信息系统。

(6) 21世纪高等学校规划教材·财经管理与应用。

(7) 21世纪高等学校规划教材·电子商务。

(8) 21世纪高等学校规划教材·物联网。

清华大学出版社经过三十多年的努力，在教材尤其是计算机和电子信息类专业教材出版方面树立了权威品牌，为我国的高等教育事业做出了重要贡献。清华版教材形成了技术准确、内容严谨的独特风格，这种风格将延续并反映在特色精品教材的建设中。

清华大学出版社教材编审委员会
联系人：魏江江
E-mail：weijj@tup.tsinghua.edu.cn

  C语言程序设计是一门实践性很强的计算机专业基础课程,也是其他专业学习程序设计的入门课程。学习一门程序设计语言,就是要按照它的语法来编程,并通过上机操作来验证程序的正确性。上机操作非常重要,只有运行所编写的程序,才能完成程序设计的目标,实现计算问题的解决。而且通过执行程序,会发现程序中的错误,从而了解所学知识的不足,同时学会根据编译时提示的错误来改正程序中发生的错误。C语言是一种接近计算机底层的语言,要成为程序设计的高手,首先学习C语言程序设计是一个好的选择。C语言是面向过程的程序设计语言,其语法比较简单,用不太长的时间就完全可以掌握它,但若要设计高难度的程序就需要不断地实践,多编写程序(主要是运用算法),这样才可以熟能生巧。

  本课程对提高学生的逻辑分析、抽象思维和程序设计能力,培养优良的程序设计风格有重要意义。而上机实践则是学好本课程十分重要的环节。认真上机实践,有利于进一步巩固和加深对本课程基本概念和基本知识的理解和掌握,同时,也为后续相关的课程学习打下了必备的技能基础。上机时,主要完成源程序的编辑、编译、连接和运行。通常,上机的各个环节都有可能碰到不少问题,不会一次成功,应针对问题细心地查找原因,逐个解决。这也是锻炼上机调试能力的好机会,碰到困难时切忌轻易放弃。通过多上机,切实掌握程序调试技术,逐渐做到精益求精,设计执行效率更高、性能更好的程序。

  本书第一部分和第三部分由杜庆东编写,第二部分的实验1~实验4由闫红编写,实验5和实验6由封雪编写,实验7和实验8由张静编写,实验9和实验10由郝颖编写,实验11和实验12由高婕姝编写,全书由侯彤璞和王丽君主审。由于编写者水平有限,难免存在不足,敬请读者批评指正。

编 者

2015年1月

目 录

第一部分 实验要求及实验环境

1.1 实验要求 ………………………………………………………………… 3
    1.1.1 上机实验的目的 ……………………………………………………… 3
    1.1.2 上机实验前的准备工作 ……………………………………………… 3
    1.1.3 上机实验的步骤 ……………………………………………………… 5
    1.1.4 实验内容安排的原则 ………………………………………………… 5
    1.1.5 整理实验结果并写出实验报告 ……………………………………… 5
1.2 上机环境 ………………………………………………………………… 6
    1.2.1 启动 …………………………………………………………………… 6
    1.2.2 C程序的编辑、编译、连接和执行 ………………………………… 7

第二部分 实验内容

实验1 顺序结构程序设计 …………………………………………………… 13
实验2 选择结构程序设计 …………………………………………………… 23
实验3 单重循环结构程序设计 ……………………………………………… 37
实验4 多重循环结构程序设计 ……………………………………………… 49
实验5 一维数组 ……………………………………………………………… 66
实验6 二维数组与字符数组 ………………………………………………… 80
实验7 函数程序设计 ………………………………………………………… 94
实验8 数组作参数的函数程序设计 ………………………………………… 107
实验9 指针应用程序设计 …………………………………………………… 122
实验10 结构体 ……………………………………………………………… 136
实验11 编译预处理 ………………………………………………………… 155
实验12 文件 ………………………………………………………………… 165

第三部分 综合训练

3.1 综合练习及参考答案 …………………………………………………… 183
3.2 二级模拟真题及参考答案 ……………………………………………… 193

参考文献 ……………………………………………………………………… 207

第一部分　实验要求及实验环境

1.1 实验要求

1.1.1 上机实验的目的

初学者往往感到的困惑是：上课也能听懂，书上的例题也能看明白，可是到自己动手做编程时，却不知道如何下手。发生这种现象的原因有三个：

(1) 所谓的看懂听明白，只是很肤浅的语法知识，而编写的程序或软件是要根据要解决的问题的实际需要控制程序的流程，如果没有深刻理解 C 程序的执行过程（或流程），怎么能编写程序解决这些实际问题呢？

(2) 用 C 语言编程解决实际问题，所需要的不仅仅是 C 语言的编程知识，还需要相关的专业知识。如果不知道长方形的面积公式，即使 C 语言学得再好也编不出求长方形面积的程序来。

(3) C 语言程序设计是一门实践性很强的课程，"纸上谈兵"式的光学不练是学不好 C 语言的。例如，大家都看过精彩自行车杂技表演，假如，你从来没有骑过自行车，光听教练讲解相关的知识、规则、技巧，不要说上台表演，就是上路恐怕都不行。

上机实验的目的，绝不仅仅是为了验证教材和讲课的内容，或者验证自己所编写的程序正确与否。程序设计课程上机实验的目的是：

(1) 加深对讲授内容的理解，尤其是一些语法规定。通过实验来掌握语法规则是行之有效的方法。

(2) 熟悉 C 语言程序开发的环境。程序的开发环境包括所用的计算机系统的硬件环境和软件环境。VC 6.0 开发环境提供了非常方便的源程序编辑、语法、函数功能联机帮助、编译、调试等丰富的功能，学生必须了解这些基本操作方法，这样才能高效地完成上机实验。

(3) 学会上机调试程序。调试程序本身是程序设计课程重要的内容和基本要求，调试程序就是善于发现程序中的错误，并且能很快地排除这些错误，使程序能正确运行。

(4) 养成良好的编程习惯和程序化思维习惯。程序设计也是一个写作过程，要先有思路、大纲、框架，然后再细化。程序设计的思路就是把待解决的问题抽象化，形成一个模型，然后画出流程图，形成程序的框架，最后按照编程规范完成代码的编写。只有平时多注意训练这些基本功，才能成为熟练的程序设计工程师。

1.1.2 上机实验前的准备工作

首先上机实验过程中要牢记一些基本的 C 语言编程规范，才有可能少走弯路，对于初学者要避免以下错误：

(1) 没有区分开教材上的数字 1 和字母 l，字母 o 和数字 0，造成变量未定义的错误。另一个易错点是将英文状态下的逗号(,)、分号(;)、括号(())、双引号("")输入成中文状态下的逗号(，)、分号(；)、括号(（）)、双引号（""）造成编译错误。

(2) 使用未定义的变量，标识符(变量、常量、数组、函数等)，不区分大小写，漏掉";",

{与}、(与)不匹配,控制语句(选择、分支、循环)的格式不正确,调用库函数却没有包含相应的头文件,调用未声明的自定义函数,调用函数时实参与形参不匹配,数组的边界超界等。

(3) 由于 C 语言语法比较自由、灵活,因此错误信息定位不是特别精确。例如,当提示第 10 行发生错误时,如果在第 10 行没有发现错误,从第 10 行开始往前查找错误并修改之。

(4) 一条语句错误可能会产生若干条错误信息,只要修改了这条错误,其他错误会随之消失。特别提示:一般情况下,第一条错误信息最能反映错误的位置和类型,所以调试程序时务必根据第一条错误信息进行修改,修改后,立即运行程序,如果还有很多错误,要一个一个地修改,即每修改一处错误要运行一次程序。

(5) 学会利用编译环境提示的出错信息进行调试。

C 语言的错误信息的形式如图 1-1 所示(图中的例子是 Visual C++ 6.0 错误信息)。

```
文件名        行号 冒号 错误代码 冒号   错误内容
  ↓           ↓   ↓    ↓      ↓       ↓
e:\wintc\wintc\frist.c (5) : error C2143 :  syntax error : missing ')' before ';'
```

图 1-1 Visual C++环境编译提示信息

有的时候编译错误提示信息比较简单,很难发现具体的错误。可以对编译正确的程序人为地设置一些语法或其他错误,然后看看编译提示哪些错误信息,这样可以为以后快速发现错误原因积累经验。

调试程序是一种实践性很强的事,光纸上谈兵是没用的,就像游泳运动员只听教练讲解示范,而不亲自下水练习,是永远学不会游泳的。即使最优秀的程序员编写程序也会犯错误,可能是最低级的语法错误,但他能快速发现错误并改正,而 C 语言初学者往往面对错误提示,不知道发生了什么错误以及如何改正。

在编写 C 语言程序时,主要的编程规范如下。

(1) 变量定义:在定义变量时,前缀使用变量的类型,之后使用表现变量用途的英文单词或单词缩写,且每个单词或缩写的首字母大写。

(2) 宏定义:对于宏定义使用大写+下划线的方式。

(3) 程序排版:一行程序的开始使用 Tab 键进行对齐,一行的中间使用空格键进行对齐。这样不仅方便阅读,而且防止不同的编辑工具打开时,造成代码混乱。

(4) 注释的书写:注释分为函数头注释,程序中代码注释。对于函数头注释一般包括 Name、Description、Created、Author 4 项,对于重要的代码尽可能多加注释,便于调试。

(5) 测试代码:在编程的同时,需要注意添加适当的测试代码,这样可以减轻以后测试代码时的工作量。

兴趣是学习 C 语言最大的动力,只有通过上机实践,在解决问题的过程中培养学习兴趣,才能更深入地学习,成为一名优秀的 C 语言程序设计员。

在具体每次上机实验前还应做好以下几项准备工作:

(1) 复习与本实验有关的教学内容,掌握本章的主要知识点;

(2) 按程序设计的基本流程独立完成上机程序的编写;

(3) 准备好运行、调试和测试所需的数据,需要截图的要保存好相关文件;

(4) 准备实验报告。

1.1.3 上机实验的步骤

一般来说,每次实验上机应该按照以下的步骤进行:

(1) 上机实验时一人一组,独立上机。

(2) 进入 C 语言程序设计集成开发环境(例如 Visual C++ 6.0 集成环境)。

(3) 确定程序设计方法,画出流程图、输入自己编好的程序代码。

(4) 检查已输入的程序是否有错,发现有错,及时改正。

(5) 进行编译和连接。如果在编译和连接过程中发现错误,屏幕上会出现"报错信息",根据提示找到出错位置和原因,加以改正再进行编译和连接,如此反复直到顺利通过为止。

(6) 运行程序并分析运行结果是否合理和正确。在运行时要注意当输入不同的数据时所得的结果是否正确。

(7) 输出程序清单和运行结果。

(8) 对程序的运行过程进行记录和思考,并记载在实验报告上。

1.1.4 实验内容安排的原则

根据学生对实验内容的熟练程度,教师可以指定习题的全部或一部分作为上机题。本书的实验内容包括 12 个实验项目,每个实验项目对应教材中一个完整的知识点。每个实验项目一般包括 8~10 个备选的实验题目,每次实验的上机时间为 2 个学时。在每个完整的知识点后增加了拓展训练的应用性题目,使学生更深刻地理解和掌握程序设计的算法和思想。实验内容有 * 的部分是二级考试的题目。学生应在实验前将教师指定的题目编好程序,然后上机输入和调试。

1.1.5 整理实验结果并写出实验报告

实验结束后,要整理实验结果并认真分析和总结,根据教师要求写出实验报告。书写报告是整个实验过程的一个重要环节。通过写报告,可以对整个实验做一个总结,不断积累经验,提高程序设计和调试的能力。

实验报告主要包含以下内容。

(1) 实验目的:实验的目的就是深入理解和掌握课程教学中的有关基本概念,应用基本技术解决实际问题,从而进一步提高分析问题和解决问题的能力。

(2) 实验内容:实验内容可以包括多个实验题目,由教师根据实际情况指定。

(3) 算法分析及主要语句说明:本书中的实验安排是由易到难,对一些有难度的题目给出了算法分析和程序注释。在写实验报告时,对于书中未给出算法分析的题目,自己要给出算法分析以及主要语句的说明。

（4）完整的程序清单：需提供完整、清晰的程序代码。

（5）思考：调试过程及调试中遇到的问题及解决办法；调试程序的心得与体会；最终未完成调试的题目，要认真找出错误并分析原因等。

1.2 上机环境

C语言程序设计可以采用 Turbo C 2.0、Turbo C++ 3.0、Visual C++ 6.0 进行编译、连接和运行。目前全国计算机等级考试 C语言程序设计上机考试环境采用 Visual C++ 6.0，下面介绍有关 Visual C++ 6.0 系统的使用。

Visual C++系列产品是微软公司推出的一款优秀的 C++集成开发环境，其产品定位为 Windows 95/98、Windows NT、Windows 2000 系列 Win32 系统程序开发，由于其良好的界面和可操作性，被广泛应用。由于 2000 年以后，微软全面转向.NET 平台，Visual C++ 6.0 成为支持标准 C/C++规范的最后版本。微软最新的 Visual C++版本为 Visual C++（CLI），但是此版本已经完全转向.NET 架构，并对 C/C++的语言本身进行了扩展。

1.2.1 启动

安装完 VC 6.0 软件后，可以选择以下两种方式启动：

（1）单击 Windows"开始"菜单，选择"程序"→Microsoft Visual Studio 6.0→Microsoft Visual C++ 6.0，启动 Visual C++ 6.0。

（2）选择 Windows"开始"→"运行"，输入 msdev，即可启动。启动后的界面如图 1-2 所示。

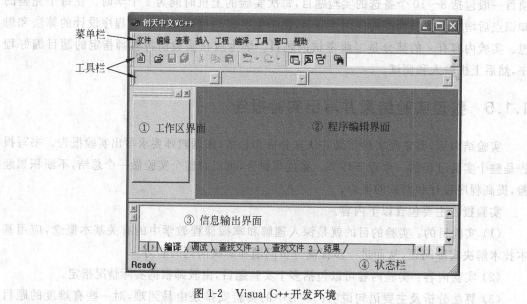

图 1-2　Visual C++开发环境

软件启动后,可以看到整个开发界面由 6 部分组成,分别为菜单栏、工具栏、工作区界面、信息输出界面、程序编辑界面、状态栏。

① 工作区界面:包含了用户的一些信息,如类、项目文件、资源等。

② 程序编辑界面:用于编辑源程序。

③ 信息输出界面:用于显示编译、调试、连接和运行的结果,帮助用户修改程序的错误,提示用户错误的条数、位置、大致的原因等。

④ 状态栏:用于显示当前操作的状态、文本及光标所在的行列号等信息。

1.2.2　C 程序的编辑、编译、连接和执行

1. 新建一个 C 源程序的方法

新建一个 C 源程序,首先,在 Visual C++ 6.0 主界面的菜单栏中单击"文件",在其下拉菜单中选择"新建"选项,屏幕将出现一个"新建"对话框,单击对话框的"文件"标签,并选择 C++ Source File 选项。然后在对话框右半部分的"目录"文本框中输入源程序文件的存储路径(如输入 D:\CH1,注意该路径必须已经存在),表示源程序文件将存放在 D:\CH1 子目录下。在其上方的"文件"文本框中输入源程序文件名(如输入 area.c),表示所要建立的是 C 源程序,如图 1-3 所示。

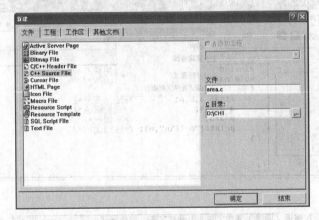

图 1-3　"新建"对话框

注意:所指定的文件名后缀为.c,如果所输入的文件名后缀为.cpp,则表示所要建立的是 C++源程序。如果不写明后缀,系统默认为 C++源程序文件,自动加以后缀.cpp。

单击 OK 按钮,回到 Visual C++主界面。在程序编辑窗口中输入源程序,如图 1-4 所示。在状态栏上显示 Ln 7,Col 35,表示光标当前的位置在第 7 行第 35 列,当光标位置改变时,显示的数字也随之改变。如果检查无误,在菜单栏中单击"文件",然后在其下拉菜单中选择"保存"选项,或者用快捷键 Ctrl+S 将源程序保存到前面指定的文件中。

2. 编译、连接和运行

选择"编译"→"编译 area.c",或者使用快捷键 Ctrl+F7,对 area.c 进行编译(如图 1-5 所示)。同时在输出窗口中显示编译的结果,若出现:

area.obj - 0 error(s), 0 warning(s)

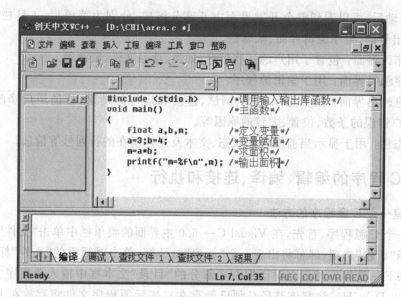

图1-4 源程序编辑窗口

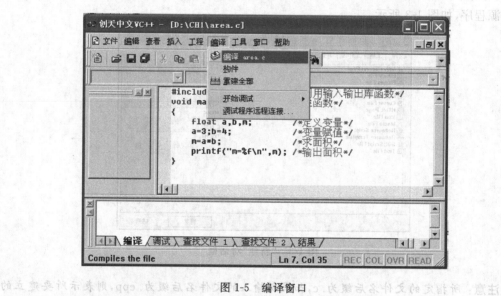

图1-5 编译窗口

表示area.obj正确生成。

选择"编译"→"构件area.exe",或者使用快捷键F7,对area.obj进行连接(如图1-6所示),同时在输出窗口中显示连接的结果,若出现:

area.exe - 0 error(s), 0 warning(s)

表示area.exe正确生成。

选择"编译"→"执行area.exe",或者使用快捷键Ctrl+F5,执行area.exe(如图1-7所示)。程序执行后,显示运行结果,如图1-8所示。

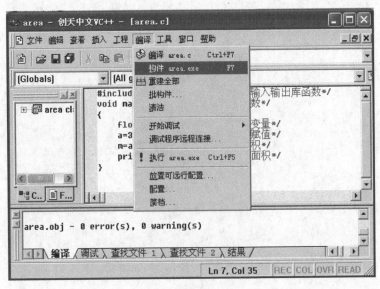

图 1-6 连接窗口

图 1-7 执行窗口

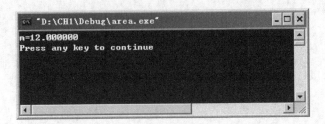

图 1-8 运行结果

图 1-6 运行结果

第 二 部分　实验内容

- 实验1　顺序结构程序设计
- 实验2　选择结构程序设计
- 实验3　单重循环结构程序设计
- 实验4　多重循环结构程序设计
- 实验5　一维数组
- 实验6　二维数组与字符数组
- 实验7　函数程序设计
- 实验8　数组作参数的函数程序设计
- 实验9　指针应用程序设计
- 实验10　结构体
- 实验11　编译预处理
- 实验12　文件

实验 1 顺序结构程序设计

【实验目的】

(1) 了解在 VC++ 系统上如何编辑、编译、连接和运行 C 语言程序。
(2) 通过运行简单的 C 语言程序，初步了解 C 源程序的特点。
(3) 掌握各种基本数据类型变量、常量、运算符和表达式的使用。
(4) 掌握 C 语言中输入和输出的方法，并用顺序结构设计程序。

【实验内容】

(1) 请编写一个程序，能显示出以下两行文字。

I am a student.
I love China.

(2) 编写程序，将 5000s 转换成以"** 时 ** 分 ** 秒"格式输出。

(3) 编写一程序，输入任意十进制数，将其转换为八进制、十六进制的形式输出。

(4) 输入一个三位的正整数，要求分离出它的各个位数字，并逆序输出到屏幕上。例如：输入数 456，则输出 6 5 4。

(5) 输入一个小写字母字符，求该字母的前驱字符和后继字符。例如：若输入的字符为 a，则它的前驱和后继字符分别为 z 和 b；若输入的字符为 z，则它的前驱和后继字符分别为 y 和 a。

(6) 设某年我国工业产值是 100，如果每年以 7.4% 的速度增长，求 20 年后我国的工业产值是多少？

(7) 编程从键盘输入两个两位的正整数给变量 x 和 y，并将 x 和 y 合并形成一个整数放在变量 z 中。合并的方式是：将数 x 的十位和个位依次放在 z 的千位和十位上，将 y 的十位和个位依次放在 z 的个位和百位上。

(8) 发工资现金 2187 元，用 100 元、50 元、20 元、10 元、5 元和 1 元的票子，问各多少张？

(9) 编写程序，用键盘输入一个半径，计算并输出球的体积。

(10) 给定平面任意两点的坐标 $(x1, y1)$ 和 $(x2, y2)$，求这两点之间的距离（保留两位小数）。

【练习题】

一、选择题

1. C语言中的简单数据类型包括(　　)。
   A) 整型、实型、逻辑型   B) 整型、实型、逻辑型、字符型
   C) 整型、字符型、逻辑型   D) 整型、实型、字符型

2. 若有以下程序段(n所赋的是八进制数),执行后的输出结果是(　　)。

   int m=32767,n=032767;
   printf("%d,%o\n",m,n);

   A) 32767,32767   B) 32767,032767
   C) 32767,77777   D) 32767,077777

3. 在C语言程序中,表达式5%2的结果是(　　)。
   A) 2.5   B) 2   C) 1   D) 3

4. C语言中,关系表达式和逻辑表达式的值是(　　)。
   A) 0   B) 0或1   C) 1   D) 'T'或'F'

5. 下面(　　)表达式的值为4。
   A) 11/3   B) 11.0/3
   C) (float)11/3   D) (int)(11.0/3+0.5)

6. 设整型变量 $a=2$,执行下列语句后,浮点型变量 b 的值不为0.5的是(　　)。
   A) b=1.0/a   B) b=(float)(1/A)
   C) b=1/(float)a   D) b=1/(a*1.0)

7. 若"int n; float f=13.8;",则执行"n=(int)f%3"后,n的值是(　　)。
   A) 1   B) 4   C) 4.333333   D) 4.6

8. 下列数据中属于"字符串常量"的是(　　)。
   A) "a"   B) {ABC}   C) 'abc\0'   D) 'a'

9. 在C语言中,字符串结束标志是(　　)。
   A) '\n'   B) ' '   C) '0'   D) '\0'

10. 假设 a 和 b 为int型变量,则执行以下语句后 b 的值为(　　)。

    a=1,b=10;
    do { b-=a;
         a++;
    }while(b--<0);

    A) 9   B) -2   C) -1   D) 8

11. 若变量已正确定义并赋值,符合C语言语法的表达式是(　　)。
    A) a=a+7;   B) a=7+b+c,a++;
    C) int(12.3%4)   D) a=a+7=c+b;

12. 下列标识符不是关键字的是(　　)。
    A) break   B) char   C) switch   D) return

13. 下列程序执行后的输出结果是（　　）。

    main()
    { int x = 'f'; printf("%c\n",'A' + (x - 'a' + 1));}

    A) G   B) H   C) I   D) JVC

14. 以下程序执行后的输出结果是（　　）。

    main()
    { int x = 10, y = 3;
      printf("%d\n", y = x/y);
    }

    A) 0   B) 1   C) 3   D) 不确定的值

15. 若有下列定义（设 int 类型变量占 2 个字节）：int j=8,j=9；则下列语句：printf("i=%%d,j=%%d\n",i,j);输出的结果是（　　）。

    A) i=8,j=9   B) i=%d,j=%d
    C) i=%8,j=%9   D) 8,9

16. 以下选项中正确的实型常量是（　　）。

    A) 0   B) 3.1415   C) 0.329×102   D) 871

17. 下列选项中非法的字符常量是（　　）。

    A) '\039'   B) '\t'   C) ','   D) '\n'

18. 若变量 a、b、t 已正确定义,要将 a 和 b 中的数进行交换,以下选项中不正确的语句组是（　　）。

    A) a=a+b,b=a-b,a=a-b;   B) t=a,a=b,b=t;
    C) a=t; t=b; b=a;   D) t=b; b=a; a=t;

19. 以下程序的输出结果是（　　）。

    main()
    { char str[20] = "hello\0\t\\";
      printf("%d,%d\n",strlen(str),sizeof(str));
    }

    A) 9,9   B) 5,20   C) 13,20   D) 20,20

20. 语句: printf("%d",(a=2)&&(b=-2));的结果是（　　）。

    A) 无输出   B) 结果是不确定 C) -1   D) 1

21. 以下程序的输出结果是（　　）。

    main()
    { int x = 102, y = 012;
      printf("%2d,%2d\n",x,y);
    }

    A) 10,01   B) 02,12   C) 102,10   D) 02,10

22. 若变量 a、i 已正确定义,且 i 已正确赋值,合法的语句是（　　）。

    A) a==1   B) ++i
    C) a=a++=5   D) a=int(i)

23. 若 ch 为 char 型变量，k 为 int 型变量（已知字符 a 的 ASCII 码是 97），则执行下列语句后输出的结果为（　　）。

    ch = 'b',k = 10;
    printf("%x,%o,",ch,ch,k);
    printf("k= %%d\n",k);

    A) 因变量类型与格式描述符的类型不匹配，输出无定值

    B) 输出项与格式描述符个数不符，输出为 0 或不定值

    C) 62,142,k=%d

    D) 62,142,k=%10

24. 若有定义"int a=5,b=7;"，则表达式 a%=(b%2) 运算后，a 的值为（　　）。

    A) 0　　　　　B) 1　　　　　C) 11　　　　　D) 3

25. C 语言中运算对象必须是整型的运算符是（　　）。

    A) %　　　　　B) /　　　　　C) !　　　　　D) **

26. 在 C 语言中，能代表逻辑值"真"的是（　　）。

    A) True　　　B) 大于 0 的数　　C) 非 0 整数　　D) 非 0 的数

27. 设"int x=2,y=1;"，则表达式（!x ‖ y－－）的值是（　　）。

    A) 0　　　　　B) 1　　　　　C) 2　　　　　D) －1

28. 可在 C 程序中用作用户标识符的一组标识符是（　　）。

    A) void、define、WORD　　　　　B) as_b3、_123、If

    C) For、_abc、case　　　　　　　D) 2c、DO、SIG

29. 表达式"~0x11"的值是（　　）。

    A) 0xFFEE　　B) 0x71　　　C) 0x0071　　　D) 0xFFE1

30. 在位运算中，操作数每左移两位，其结果相当于（　　）。

    A) 操作数乘以 2　B) 操作数除以 2　C) 操作数除以 4　D) 操作数乘以 4

31. 下列关于定点数与浮点数的叙述中错误的是（　　）。

    A) 在实数的浮点表示中，阶码是一个整数

    B) 整数是实数的特例，也可以用浮点数表示

    C) 实数的补码是其对应的反码在最后一位加 1

    D) 相同长度的浮点数和定点数，前者可表示数的范围要大于后者

32. 有以下程序：

    ```
    main()
    { char c1,c2,c3,c4,c5,c6;
      scanf("%c%c%c%c",&c1,&c2,&c3,&c4);
      c5 = getchar(); c6 = getchar();
      putchar(c1); putchar(c2);
      printf("%c%c\n",c5,c6);
    }
    ```

    程序运行时，若从键盘输入：

    123＜回车＞

45678<回车>

则输出结果是（　　）。

A) 1267　　　　B) 1256　　　　C) 1278　　　　D) 1245

33. 下列程序的输出结果为（　　）。

```
main()
{ int m = 7,n = 4;
  float a = 38.4,b = 6.4,x;
  x = m/2 + n * a/b + 1/2;
  printf("%f\n",x);
}
```

A) 27.000000　　B) 27.500000　　C) 28.000000　　D) 28.500000

34. 下列运算要求操作数必须整型的是（　　）。

A) /　　　　　　B) ++　　　　　C) !=　　　　　　D) %

35. 若变量已正确定义并且具有初值,下列表达式合法的是（　　）。

A) a:=b++　　　　　　　　　　　B) a=b+3=c++
C) a=b++=c　　　　　　　　　　D) a=b++,b=a

36. 设 float 型变量 f,将 f 小数点后第三位四舍五入,保留小数点后两位的表达式为（　　）。

A) (f * 100+0.5)/100　　　　　B) (f * 100+0.5)/100.0
C) (int)(f * 100+0.5)/100.0　　D) (int)(f * 100+0.5)/100

37. 若定义：short int i=32769;print("%d",i)的输出结果为（　　）。

A) 32769　　　B) 32767　　　C) －32767　　　D) 不确定的数

38. 6 种基本数据类型的长度排列正确的是（　　）。

A) bool=char<int≤long=float<double
B) char<bool=int≤long=float<double
C) bool<char<int≤long<float<double
D) bool<char<int≤long=float<double

39. 判断 char 型变量 c 是否为英文字母的表达式为（　　）。

A) 'a'<=c<='z' && 'A'<=c<='Z'
B) 'a'<=c && c<='z' || 'A'<=c && c<='Z'
C) 'a'<=c<='z' || 'A'<=c<='Z'
D) ('a'<=c || c<='z') && ('A'<=c || c<='Z')

40. 若变量 a 是 int 类型,执行 a='A'+1.6;正确的叙述为（　　）。

A) a 的值是字符型　　　　　　　B) a 的值是'A'的 ASCII 码值加上 1
C) a 的值是浮点型　　　　　　　D) 不允许字符型数与浮点型数相加

41. 以下不正确的叙述是（　　）。

A) 在 C 程序中所用的变量必须先定义后使用
B) 程序中,APH 和 aph 是两个不同的变量
C) 若 a,b 类型相同,在执行赋值语句 a=b;后,b 中的值将放入 a 中,b 中的值不变

D) 当输入数值数据时,对于整型变量只能输入整型值;对于实型变量只能输入实型值

42. 以下叙述中正确的是( )。
    A) C程序中注释部分可以出现在程序中任何合适的地方
    B) 花括号{和}只能作为函数体的定界符
    C) 构成C程序的基本单位是函数,所有函数名都可以由用户命名
    D) 分号是C语言之间的分界符,不是语句的一部分

43. 下列语句的结果是( )。

```
void main()
{ int j=3;
  printf("%d,",++j);
  printf("%d",j++);
}
```

    A) 3,3   B) 3,4   C) 4,3   D) 4,4

44. 设 a=12,且a定义为整型变量。执行语句a+=a-=a*=a;后a的值为( )。
    A) 12   B) 144   C) 0   D) 132

45. 下列语句的输出结果是( )。

`printf("%d\n",(int)(2.5+3.0)/3);`

    A) 有语法错误不能通过编译   B) 2
    C) 1   D) 0

46. 先定义字符型变量c,然后要将字符a赋给c,则下列语句中正确的是( )。
    A) c='a';   B) c="a";   C) c="97";   D) C='97'

47. 以下不符合C语言语法的赋值语句是( )。
    A) a=1,b=2   B) ++j;
    C) a=b=5;   D) y=(a=3,6*5);

48. 若a是float型变量,b是unsigned型变量,以下输入语句中合法的是( )。
    A) scanf("%6.2f%d",&a,&b);   B) scanf("%f%n",&a,&b);
    C) scanf("%f%3o",&a,&b);   D) scanf("%f%f",&a,&b);

49. 以下程序段的执行结果是( )。

`double x;x=218.82631; printf("%-6.2e\n",x);`

    A) 输出格式描述符的域宽不够,不能输出
    B) 输出为 21.38e+01
    C) 输出为 2.2e+02
    D) 输出为 -2.14e2

50. 若有定义:char s='\092';则该语句( )。
    A) 使s的值包含1个字符   B) 定义不合法,s的值不确定
    C) 使s的值包含4个字符   D) 使s的值包含3个字符

【实验指导】

第 1 题：
参考代码：

```
#include<stdio.h>
void main()
{   printf("I am a student.\n");
    printf("I love China.\n");
}
```

第 2 题：
算法提示：
(1) 定义三个整型变量 h,m,s。
(2) 利用"/"和"%"求转化后的时间，要特别注意分钟的处理。
参考代码：

```
#include<stdio.h>
void main()
{   int h,m,s,a=5000;
    h=a/3600;
    m=a%3600/60;
    s=a%60;
    printf("%d秒转换后为：%d时：%d分：%d秒\n",a,h,m,s);
}
```

第 3 题：
算法提示：
(1) 定义一个整型变量 i。
(2) 运用 C 语言中 printf() 函数提供的各种进制表示方式来实现转换输出。
参考代码：

```
#include<stdio.h>
void main()
{   int i;
    printf("请输入十进制数：");
    scanf("%d",&i);
    printf("转换为八进制后为：%o,转换为十六进制后为%x\n",i,i);
}
```

第 4 题：
算法提示：
(1) 本题中求解各个位上的数字可以使用%和/。

(2) 先定义整数变量 x 和其他变量 b0,b1,b2。

(3) 接着使用 scanf()函数读入正整数 x。

(4) 然后按照公式 b2＝x/100,b1＝(x－b2＊100)/10,b0＝x%10 进行计算。

(5) 最后使用 printf()函数将 b0,b1,b2 的值输出。

参考代码：

```
#include<stdio.h>
void main()
{   int x,b0,b1,b2;
    printf("请输入一个三位的正整数：");
    scanf("%d",&x);
    b2 = x/100;
    b1 = (x - b2 * 100)/10;
    b0 = x % 10;
    printf("个位数字为：%d,十位数字为：%d,百位数字为：%d\n",b0,b1,b2);
}
```

第 5 题：

算法提示：

(1) 定义字符型变量 c,fc,bc。

(2) 输入小写字母字符到 c 变量中。

(3) 按照前驱字符 bc＝'z'－('z'－c＋1)%26 计算,后继字符 fc＝'a'＋(c－'a'＋1)%26 计算。

(4) 使用 printf()函数按照 bc,c,fc 的顺序输出。

参考代码：

```
#include<stdio.h>
void main()
{   char fc,c,bc;
    printf("请输入一个小写字符：");
    c = getchar();
    fc = 'z' - ('z' - c + 1) % 26;
    bc = 'a' + (c - 'a' + 1) % 26;
    printf("字符%c 的后继字符为%c,前驱字符为%c\n",c,bc,fc);
}
```

第 6 题：

算法提示：

本题为一道数学题，其公式为：原工业产值＊pow(1＋增长速度/100,年限)，其中增长速度应为小数形式。操作步骤如下：

(1) 定义变量 p1,p0,r,n。

(2) 使用 scanf()函数输入 p0,n,r 的值。

(3) 按照 p1＝p0＊pow(1＋r/100,n)计算。

(4) 使用 printf() 函数输出 n 年后我国的工业产值 p1。

参考代码：

```
#include<stdio.h>
#include<math.h>
void main()
{   float p1,p0 = 100,r = 0.17;
    int n = 20;
    p1 = p0 * pow(1 + r/100,n);
    printf("%d年后我国的工业产值是 = %10.4f\n",n,p1);
}
```

第 7 题：

算法提示：

(1) 输入整型变量 x,y,z。

(2) 根据提示输入两个两位的正整数 x 和 y。

(3) 按照 z＝(x/10)*1000＋(x%10)*10+y/10+(y%10)*100 进行计算。

(4) 使用 printf() 函数按照原数 x,y 和合成数 z 的顺序输出。

参考代码：

```
#include<stdio.h>
void main()
{   int x,y,z;
    printf("输入两个两位的正整数：");
    scanf("%d,%d",&x,&y);
    z = (x/10)*1000 + (x%10)*10 + y/10 + (y%10)*100;
    printf("原数 x = %d,原数 y = %d,合成数 z = %d\n",x,y,z);
}
```

第 8 题：

算法提示：

(1) 定义 6 个变量 a,b,c,d,e,f 分别表示 100 元、50 元、20 元、10 元、5 元和 1 元的张数。

(2) 利用"％"和"/"进行计算,求得各面值钱币的张数。

(3) 输出各面值钱币的计算结果。

参考代码：

```
#include<stdio.h>
void main()
{   int a,b,c,d,e,f,s = 2187;
    a = s/100;
    b = s%100/50;
    c = s%100%50/20;
    d = s%100%50%20/10;
    e = s%100%50%20%10/5;
```

```
            f = s%100%50%20%10%5/1;
            printf("a= %d,b= %d,c= %d,d= %d,e= %d,f= %d\n",a,b,c,d,e,f);
        }
```

第 9 题：

算法提示：

(1) 输入变量半径 R。

(2) 按照 V＝(float)4/3 * PI * R * R * R 进行计算。

(3) 使用 printf() 函数输出体积 V。

参考代码：

```
# include< stdio. h>
# define PI 3.1415926
void main()
{   float R,V;
    printf("请输入球的半径: ");
    scanf("%f",&R);
    V= (float)4/3 * PI * R * R * R;
    printf("球的体积为: %f\n",V);
}
```

第 10 题：

算法提示：

(1) 定义两个点坐标变量(x1,y1),(x2,y2)和距离变量 dis。

(2) 按照 dis=sqrt((x1-x2)*(x1-x2)+(y1-y2)*(y1-y2))进行计算。

(3) 使用 printf() 函数输出两点之间的距离 dis。

参考代码：

```
# include< stdio. h>
# include< math. h>
void main()
{   float x1,y1,x2,y2,dis;
    printf("输入第一个点坐标: ");
    scanf("%f, %f",&x1,&y1);
    printf("输入第二个点坐标: ");
    scanf("%f, %f",&x2,&y2);
    dis = sqrt((x1-x2)*(x1-x2)+(y1-y2)*(y1-y2));
    printf("距离是: %f", dis);
}
```

【练习题参考答案】

1～5 DACBD	6～10 BAADD	11～15 BCACA	16～20 BACBD
21～25 CBCAA	26～30 DBBAD	31～35 CDADD	36～40 CCABB
41～45 DADCC	46～50 AACCB		

实验 2 选择结构程序设计

【实验目的】

(1) 进一步熟悉 C 程序的编辑、编译、连接和运行的过程。
(2) 掌握关系表达式和逻辑关系表达式在选择结构中的应用。
(3) 熟练掌握 if 条件语句和 switch 语句的功能、格式和执行过程。
(4) 能用 switch 语句实现简单的选择功能。

【实验内容】

(1) 设计一个程序,判断从键盘输入的整数的正负性和奇偶性。
(2) 根据下列函数,设计一个程序。要求:从键盘输入 x 的值,屏幕上显示 y 的值。

$$y = \begin{cases} -x+2.5 & (x<2) \\ 2-1.5(x-3)^2 & (2 \leqslant x \leqslant 4) \\ -1.5 & (x \geqslant 4) \end{cases}$$

(3) 判断一个三位数是否为"水仙花数"。水仙花数是指一个三位数,它的每个位上的数字的 n 次幂之和等于它本身。例如:$1^3+5^3+3^3=153$。
(4) 输入一个小于 500 的正数,打印出它的平方根(如平方根不是整数,则输出其整数部分)。要求在输入数据后先检查是否为小于 500 的正数。若不是,则提示出错。
(5) 输入两个字符,若这两个字符之差为偶数,则输出它们的后继字符,否则输出它们的前趋字符。这里的前趋和后继是指输入的两个字符中,较小字符前面的和较大字符后面的那个字符。
(6) 编写程序模拟实现以下游戏:现有两人玩猜拳游戏,每人可分别用各自的拳头表示三种物体:石头(rock)、剪刀(scissors)和布(cloth)中的一种,两人同时出拳,游戏胜负规则如下所示。
① 石头对剪刀:石头赢。
② 剪刀对布:剪刀赢。
③ 布对石头:布赢。
④ 出拳情况相同时:平局。
(7) 实现一个简单的菜单程序,运行时显示"菜单:A(dd),D(elete),S(ort),Q(uit)"。

请选择:"提示用户输入。A 表示增加,D 表示删除,S 表示排序,Q 表示退出。输入为 A、D、S 时分别提示"增加成功"、"删除成功"、"排序成功"。输入为 Q 时,程序结束。

(8) 硅谷公司员工的工资计算方法如下:

① 工作时数超过 120 小时者,超过部分加发 15%;

② 工作时数低于 60 小时者,扣发 700 元;

③ 其余按每小时 84 元计发。

试编程按输入的员工的工时数,计算应发工资。

(9) 编写一个自动售货机的程序。该程序应具有以下功能:共有两级菜单,其中一级菜单是商品类的选择,二级菜单是具体商品的选择。顾客首先选择商品类,然后再选择具体的商品,输入购买数量,自动售货机根据选择的商品及数量,计算并显示顾客应付的总金额,其运行结果如下。

请选择:1.日用品 2.文具 3.食品
1↙
请选择:1.牙刷(3.5 元/支) 2.牙膏(6.2 元/支) 3.肥皂(2 元/块) 4.毛巾(8.6 元/条)
4↙
数量?
5↙
总计:34.40 元

(10) 有一位超级战士被空降到一个未知的地区,该战士带有一个 GPS 接收机和 iPad 设备。该地区中有 5 个特殊的区域:A 区、B 区、C 区、D 区、O 区。该地区的示意地图如图 2-1 所示,图中的数字为地理坐标定位。

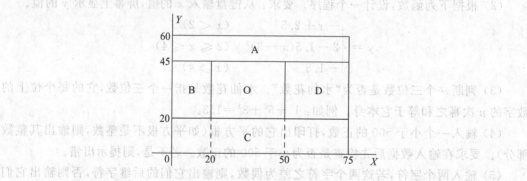

图 2-1 5 个特殊区域

其中,A 区为雷区,B 区中有陷阱,C 区中有埋伏,D 取为武器库,O 区为人质区。

该战士携带的 GPS 接收机,可以告诉他降落地点的地理坐标(用 X 和 Y 表示)。若将由 GPS 接收机显示的坐标值输入他的 iPad 中,iPad 中会显示出他所在的区域等消息如下:

如果他的位置在 A 区,则 iPad 上会显示"你现在在 A 区,小心地雷!"

如果他的位置在 B 区,则 iPad 上会显示"你现在在 B 区,小心有陷阱!"

如果他的位置在 C 区,则 iPad 上会显示"你现在在 C 区,小心敌人埋伏!"

如果他的位置在 D 区,则 iPad 上会显示"你现在在 D 区,可以补充武器!"

如果他的位置在 O 区,则 iPad 上会显示"你现在在 O 区,快去解救人质!"

如果他在上述 5 个区域之外,则 iPad 上会显示"你现在在任务区外!"

如果落在两个区域的边界线上,则 iPad 上会显示"你现在在两个区域的边界线上!"
用 C 语言编写实现上面的 iPad 中的程序功能。

【练习题】

一、选择题

1. 以下叙述中错误的是(　　)。
   A) 使用三种基本结构构成的程序只能解决简单问题
   B) C 语言是一种结构化程序设计语言
   C) 结构化程序由顺序、分支、循环三种基本结构组成
   D) 结构化程序设计提供模块化的设计方法

2. 程序模块化叙述错误的是(　　)。
   A) 把程序分成若干相对独立的模块,可以便于编码和测试
   B) 可采用自顶向下、逐步细化的设计方法把若干独立模块组装成所要求的程序
   C) 可采用自底向上、逐步细化的设计方法把若干独立模块组装成所要求的程序
   D) 把程序分成若干相对独立、功能单一的模块,可便于重复使用这些模块

3. 下列叙述中正确的是(　　)。
   A) break 语句必须与 switch 语句中的 case 配对使用
   B) 在 switch 语句中,不一定使用 break 语句
   C) 在 switch 语句中必须使用 default
   D) break 语句只能用于 switch 语句

4. 以下叙述中正确的是(　　)。
   A) if 语句只能嵌套一层
   B) if 子句和 else 子句中可以是任意合法的 C 语句
   C) 改变 if-else 语句的缩进格式,会改变程序的执行流程
   D) 不能在 else 子句中再嵌套 if 语句

5. 下面程序的输出结果是(　　)。

```
void main()
{ int m=1,n=0,a=0,b=0;
  switch(m)
  { case 1:
     switch(n)
     { case 0:a++; break;
       case 1:b++; break;
     }
    case 2:a++;b++; break;
    case 3:a++;b++;
  }
  printf("a=%d,b=%d\n",a,b);
}
```

A) a=2,b=1   B) a=2,b=2
C) a=1,b=0   D) a=1,b=1

6. 以下是 if 语句的基本形式：if(表达式)语句，其中"表达式"（   ）。
   A) 必须是逻辑表达式   B) 必须是关系表达式
   C) 必须是逻辑表达式或关系表达式   D) 可以是任意合法的表达式

7. 有以下的嵌套 if 语句,选项中与其等价的语句是(   )。

```
if(a<b)
    if(a<c)k = a;
    else k = c;
else
    if(b<c) k = b;
    else k = c;
```

   A) k=(a<b)? ((a<c)?a:c):((b<c)?b:c);
   B) k=(a<b)?a:b;k=(a<c)?a:c;
   C) k=(a<b)?a:b;k=(b<c)?b:c;
   D) k=(a<b)?((b<c)?a:b):((b>c)?b:c);

8. 以下叙述中正确的是(   )。
   A) 在 C 语言中,逻辑真值和假值分别对应 1 和 0
   B) 关系运算符两边的运算对象可以是 C 语言中任意合法的表达式
   C) 分支结构是根据算术表达式的结果来判断流程走向的
   D) 对于浮点变量 x 和 y,表达式 x==y 是非法的,会出编译错误

9. 以下叙述中正确的是(   )。
   A) 对于逻辑表达式：a++ ‖ b++,设 a=1,则求解表达式的值后,b 的值会发生改变
   B) 关系运算符的结果有三种：0,1,-1
   C) else 不是一条独立的语句,它只是 if 语句的一部分
   D) 对于逻辑表达式：a++&& b++,设 a=0,则求解表达式的值后,b 的值会发生改变

10. 在嵌套使用 if 语句时,C 语言规定 else 总是(   )。
    A) 和之前与其具有相同缩进位置的 if 配对
    B) 和之前与其最近的 if 配对
    C) 和之前与其最近的且不带 else 的 if 配对
    D) 和之前的第一个 if 配对

二、程序填空

1. 功能：输入三个整数 x,y,z,请把这三个数由小到大输出。

```
#include <stdio.h>
void main()
{   int x,y,z,t;
    scanf("%d%d%d",&x,&y,&z);
    /*********** SPACE ***********/
    if (x > y){【1】}
    /*********** SPACE ***********/
    if(x > z){【2】}
```

```
           /*********** SPACE *********** /
           if(y > z){【3】}
           printf("small to big: %d %d %d\n",x,y,z);
}
```

2. 功能：铁道部门规定，行李托运时重量不超过 50 千克，按 0.95 元/千克计价，超过 50 千克，超出部分按 1.5 元/千克计价。编程从键盘输入行李重量，计算并输出运费（要求结果保留小数点后两位）。

```
   # include < stdio. h>
   void main()
   {   float w,p;
       printf("请输入重量: ");
       scanf("%f",&w);
       /*********** SPACE *********** /
       if(【1】) p = 0.95 * w;
       /*********** SPACE *********** /
       else 【2】;
       /*********** SPACE *********** /
       printf(【3】,p);
   }
```

3. 功能：编写一个模拟计算器程序。要求输入两个操作数和一个运算符（加、减、乘、除）后进行运算，并输出结果。

```
   # include < stdio. h>
   void main()
   {   float x,y,s; char op;
       /*********** SPACE *********** /
       scanf("%f%c%f",【1】);
       switch(op)
       {   case '+':s = x + y;break;
           /*********** SPACE *********** /
           case '-':s = x - y;【2】;
           case '*':s = x * y;break;
           case '/':
           /*********** SPACE *********** /
           【3】; break;
       }
       printf("s = %f\n",s);
   }
```

4. 功能：设圆心坐标为(2,2)，半径为 1，请输入点 A 的平面坐标(x,y)，判断（输出）A 点是在圆内、圆外还是在圆上。

```
   # include < stdio. h>
   void main()
   {   float x,y;
       /*********** SPACE *********** /
       scanf(【1】,&x,&y);
       /*********** SPACE *********** /
```

```
            if(【2】) printf("A 点在圆外.");
            /********** SPACE ********** /
            【3】
            if((x-2)*(x-2)+(y-2)*(y-2)==1)
                    printf("A 点在圆上.");
            else printf("A 点在圆内.");
        }
```

三、程序改错

1. 功能：输入整数 a 和 b，如果 a 能被 b 整除，就输出算式和商，否则输出算式、整数商和余数。

```
#include<stdio.h>
void main()
{   int a,b,t,r;
    scanf("%d,%d",&a,&b);
    /********** FOUND ********** /
    if(a%b=0)
    {
        /********** FOUND ********** /
        t=a%b; r=0; printf("%d/%d= %d+ %d\n",a,b,t,r);
    }
    else
    {   t=a/b;
        /********** FOUND ********** /
        r=a\b; printf("%d/%d= %d+ %d\n",a,b,t,r);
    }
}
```

2. 功能：给出一个百分制成绩，要求输出等级 A、B、C、D、E。90 分以上为 A,80～89 分为 B,70～79 分为 C,60～69 分为 D,60 分以下为 E。

```
#include<stdio.h>
void main()
{   float score;
    /********** FOUND ********** /
    scanf("%f",score);
    if(score>100 || score<0) puts("输入错误!");
    else
        /********** FOUND ********** /
        switch(score/10)
        {   /********** FOUND ********** /
            case 10,
            case 9:puts("A");break;
            case 8:puts("B");break;
            case 7:puts("C");break;
            case 6:puts("D");break;
            default:puts("E");break;
        }
}
```

3. 功能：键盘输入一个字符，如果是大写字母，将它转换成小写字母并输出；如果是小写字母直接输出。

```
#include <stdio.h>
void main()
{   char ch;
    printf("请输入一个字符：\n");
    /********** FOUND **********/
    scanf("%c",ch);
    /********** FOUND **********/
    ch=(ch>='A'&&ch<='Z')?(ch-32):(ch+32);
    printf("%c\n",ch);
}
```

4. 功能：输入任意整数，判断奇偶性，输出相应信息。

```
#include <stdio.h>
void main()
{   int x;
    scanf("%d",&x);
    if(x%2==0)
        /********** FOUND **********/
        printf("%d",x是偶数);
    else
        /********** FOUND **********/
        printf("%d",x是奇数);
}
```

【实验指导】

第1题：

算法提示：

(1) 定义变量 n。

(2) 输入 n，判断 n 的正负性和奇偶性，正负性由 n>0 或 n<0 判断，奇偶性由 n%2==0 来判断。

(3) 输出对应结果。

参考代码：

```
#include <stdio.h>
void main()
{
    int n;
    printf("输入一个数：");
    scanf("%d",&n);
    if(n>0) printf("%d 为正数\n",n);
    else if(n==0)printf("%d 为 0\n",n);
        else printf("%d 为负数\n",n);
```

```
        if(n%2==0)printf("%d 为偶数\n",n);
        else printf("%d 为奇数\n",n);
}
```

第 2 题：
算法提示：
(1) 定义分段函数自变量 x，函数 y。
(2) 输入 x，根据分段函数公式划分进行判断。
(3) 输出 y。
参考代码：

```
#include<stdio.h>
void main()
{   float x,y;
    printf("请分段函数自变量：");
    scanf("%f",&x);
    if(x<2)    y=-x+2.5;
    if(x>=2&&x<4) y=2-1.5*(x-3)*2;
    if(x>=4)   y=-1.5;
    printf("y=%f\n",y);
}
```

第 3 题：
算法提示：
(1) 定义实变量 n 和各个位上的数字变量 bw,sw,gw。
(2) 输入 n，利用 n/100、(n-bw*100)/10 和 n%10，求出 bw,sw,gw。
(3) 根据水仙花数的公式 n==bw*bw*bw+sw*sw*sw+gw*gw*gw 进行判断。
(4) 输出符合条件的水仙花数。
参考代码：

```
#include<stdio.h>
void main()
{   int n,bw,sw,gw;
    printf("请输入一个三位数：");
    scanf("%d",&n);
    bw=n/100;
    sw=(n-bw*100)/10;
    gw=n%10;
    if(n==bw*bw*bw+sw*sw*sw+gw*gw*gw)printf("%d 是水仙花数\n",n);
    else    printf("%d 不是水仙花数\n",n);
}
```

第 4 题:

算法提示:

(1) 键盘输入一个正数 i。

(2) 判断其值是否小于 500,若大于等于 500,则提示"输入数据有误!",否则继续执行下面的语句。

(3) 利用 sqrt 函数求出输入数据的平方根,并保存到整型变量 k 中。

(4) 输出 i 的平方根 k。

参考代码:

```c
# include <stdio.h>
# include <math.h>
# define M 500
void main()
{   int i,k;
    printf("请输入一个小于%d的整数:",M);
    scanf("%d",&i);
    if(i>=M)printf("输入数据有误!");
    else
    {
       k=sqrt(i);
       printf("%d的平方根的整数部分为:%d\n",i,k);
    }
}
```

第 5 题:

算法提示:

前驱字符计算方法为:字符的 ASCII 码 -1;后继字符计算方法是:字符的 ASCII 码 $+1$。

(1) 定义两个字符型变量 a,b,并输入数据。

(2) 调整输入的数据,使 a 的值大于 b 的值。

(3) 判断条件 (a−b)%2==0 是否为真:为真输出 a+1 和 b+1 的值;否则,输出 a−1 和 b−1 的值。

参考代码:

```c
# include <stdio.h>
void main()
{   char a,b,t;
    printf("请输入两个字符:");
    scanf("%c,%c",&a,&b);
    if(a<b)   t=a,a=b,b=t;
    if((a-b)%2==0)     printf("它们的后继字符为:%c,%c\n",a+1,b+1);
    if((a-b)%2!=0)     printf("它们的前驱字符为:%c,%c\n",a-1,b-1);
}
```

第6题：

算法提示：

（1）定义三个常量 Player1＝0,Player2＝1,Tie＝2 和三个临时整型变量 choice1，choice2,winner。

（2）先使用 printf()函数输出提示,再使用 scanf()函数输入两个选手的出拳情况。

（3）根据 switch(choice1－choice2)的结果进行选择：若为0,则平局；若为－1或2,则 Player1 获胜；若为－2或1,则 Player2 获胜。

（4）输出比赛结果。

参考代码：

```
# include < stdio.h >
# define Player1 0
# define Player2 1
# define Tie 2
void main()
{   int choice1,choice2,winner;
    printf("请出石头(0),剪刀(1)和布(2)：\n");
    printf("请选手1输入:\n");
    scanf("%d\n",&choice1);
    printf("请选手2输入:\n");
    scanf("%d\n",&choice2);
    switch(choice1－choice2)
    {   case 0: winner = Tie; printf("平局.\n"); break;
        case －1:
        case 2: winner = Player1; printf("选手1获胜.\n");break;
        case －2:
        case 1: winner = Player2; printf("选手2获胜.\n");break;
    }
}
```

第7题：

算法提示：

（1）定义两个字符型变量 choice 和 *c*,输入 *c*。

（2）利用 toupper()函数将输入的字符转换为与之对应的大写字母,并保存到 choice 中。

（3）根据 choice 的选项,判断执行添加、删除、排序、退出其中一项功能。

（4）若输入的 choice 非上述功能之一,则提示错误。

参考代码：

```
# include < stdio.h >
# include < ctype.h >
void main()
{   char choice,c;
    printf("菜单: A(dd),D(elete),S(ort),Q(uit).请选择: \n");
```

```
        scanf(" % c",&c);
        choice = toupper(c);
        if(choice == 'A')           printf("增加成功.\n");
        else if(choice == 'D')      printf("删除成功.\n");
            else if(choice == 'S')      printf("排序成功.\n");
                else if(choice == 'Q')
                    {    printf("程序结束,退出.\n");
                         exit(0);
                    }
                    else    printf("输入错误!\n");
}
```

第 8 题：

算法提示：

(1) 定义整数变量 time 和 salary,并输入 time。

(2) 根据给定的工资计算方法,判断 time 满足的条件,从而进一步计算工资 salary。

(3) 输出 salary 的结果。

参考代码：

```
# include < stdio. h >
void main()
{   int time,salary;
    printf("请输入时间：");
    scanf(" % d ",&time);
    if(time < 60)       salary = time * 84 – 700;
    else if(time > 120) salary = 84 * 120 + (time – 120) * 84 * (1 + 0.15);
        else    salary = time * 84;
    printf("Salary = % d\n",salary);
}
```

第 9 题：

算法提示：

(1) 定义三个整数变量 x,n,y 和一个累加浮点变量 sum。

(2) 根据提示的第一级菜单(1.日用品 2.文具 3.食品)情况,输入数据 x。

(3) 利用 switch 语句选择对应商品的第二级菜单。

(4) 根据第二级菜单中的提示(如日用品菜单下的 1.牙刷(3.5 元/支) 2.牙膏(6.2 元/支) 3.肥皂(2 元/块) 4.毛巾(8.6 元/条)),输入数据 y 和数量 n。

(5) 再次利用 switch 语句选择满足顾客选择的具体商品,并计算该商品的总金额。

(6) 输出总金额 sum。

参考代码：

```
# include < stdio. h >
void main()
{   int x,n,y;
```

```
            float sum = 0.0;
            printf("请选择: 1.日用品  2.文具  3.食品\n");
            scanf("%d",&x);
            switch(x)
            {
            case 1:
                    printf("请选择:1.牙刷(3.5元/支)2.牙膏(6.2元/支)3.肥皂(2元/块)4.毛巾(8.6元/条)\n");
                    scanf("%d",&y);
                    printf("数量?");
                    scanf("%d",&n);
                    switch(y)/*匹配顾客选择的具体商品*/
                    {
                        case 1: sum = 3.5 * n; break;
                        case 2: sum = 6.2 * n; break;
                        case 3: sum = 2 * n; break;
                        case 4: sum = 8.6 * n; break;
                    }
                    break;
            case 2:
                    printf("请选择:1.笔(3元/支)2.笔记本(1.2元/个)3.文件夹(12元/个)4.文具盒(8.6元/个)\n");
                    scanf("%c",&y);
                    printf("数量?");
                    scanf("%d",&n);
                    switch(y)
                    {
                        case 1: sum = 3 * n; break;
                        case 2: sum = 1.2 * n; break;
                        case 3: sum = 12 * n; break;
                        case 4: sum = 8.6 * n; break;
                    }
                    break;
            case 3:
                    printf("请选择:1.白糖(3.6元/包)2.盐(1元/包)3.饼(2元/个)4.方便面(3.6元/条)\n");
                    scanf("%c",&y);
                    printf("数量?");
                    scanf("%d",&n);
                    switch(y)
                    {
                        case 1: sum = 3.6 * n; break;
                        case 2: sum = 1 * n; break;
                        case 3: sum = 2 * n; break;
                        case 4: sum = 3.6 * n; break;
                    }
                    break;
            }
            printf("总计: %.2f 元\n",sum);
        }
```

第 10 题：
算法提示：

超级战士的位置坐标 (X,Y) 应在程序运行时输入；所在区域应使用一个字符变量表示；判断战士所在区域的程序段可以用 if 语句编写、iPad 上显示区域消息程序段可以用 switch 语句编写。

(1) 根据题目中给的提示，定义浮点类型的坐标变量 x,y 和字符变量 L。
(2) 提示输入战士所在区域的坐标 (X,Y)。
(3) 根据题目中所给的地图坐标，利用 if 语句判断输入的点坐标所属的范围，并将字符变量 L 的值修改为所属的区域。
(4) 利用 switch 语句，实现 iPad 上显示区域消息的提示。

参考代码：

```
#include <stdio.h>
void main()
{   char L; float X,Y;
    printf("请输入你现在的 X 坐标：");
    scanf("%f",&X);
    printf("请输入你现在的 Y 坐标：");
    scanf("%f",&Y);
    if(Y>0 && Y<20) L='C';
    else if(X>0&&X<20&&Y>20&&Y<45) L='B';
        else if(X>20&&X<50&&Y>20&&Y<45)  L='O';
            else if(X>50&&X<75&&Y>20&&Y<45) L='D';
                else if(Y>45&&Y<60)  L='A';
                    else if((X>75&&Y>60)||(X<0&&Y<0)) L='W';
                        else L='S';
    switch(L)
    {
        case 'C': printf("\n你现在在 C 区,小心敌人埋伏!\n");break;
        case 'B': printf("\n你现在在 B 区,小心有陷阱!\n");break;
        case 'O': printf("\n你现在在 O 区,快去解救人质!\n");break;
        case 'D': printf("\n你现在在 D 区,可以补充武器!\n");break;
        case 'A': printf("\n你现在在 A 区,小心地雷!\n");break;
        case 'W': printf("\n你现在在任务区外!\n");break;
        case 'S': printf("\n你现在在两个区域的边界线上!\n");break;
    }
}
```

【练习题参考答案】

一、选择题

1~5 ACBBA   6~10 DABCC

二、程序填空

1.【1】t=x;x=y;y=t;   【2】t=x;x=z;z=t;   【3】t=y;y=z;z=t;

2. 【1】w<=50　　　【2】p=0.95*50+(w-50)*1.5　【3】"价位是：%.2f\n"
3. 【1】&x,&op,&y　【2】break;　　　　　　　　【3】s=x/y;
4. 【1】n　　　　　【2】(x-2)*(x-2)+(y-2)*(y-2)>1
   【3】else

三、程序改错

1. 错误：a%b=0　　　　　　　　　正确：a%b==0
   错误：t=a%b;　　　　　　　　　正确：t=a/b;
   错误：r=a\b;　　　　　　　　　正确：r=a%b;
2. 错误：score　　　　　　　　　　正确：&score
   错误：score/10　　　　　　　　正确：(int)score/10
   错误：case 10,　　　　　　　　正确：case 10：
3. 错误：scanf("%c",ch);　　　　　正确：scanf("%c",&ch);
   错误：ch=(ch>='A'&&ch<='Z')?(ch-32):(ch+32);
   正确：ch=(ch>='A'&&ch<='Z')?(ch+32):ch;
4. 错误：printf("%d",x是偶数);　　正确：printf("x是偶数");
   错误：printf("%d",x是奇数);　　正确：printf("x是奇数");

实验 3 单重循环结构程序设计

【实验目的】

(1) 掌握单循环算法的基本思想和程序设计方法。
(2) 掌握 C 语言提供的三种循环结构和使用。
(3) 掌握计数器、累加器等的含义与使用方法。

【实验内容】

(1) 键盘输入一批整数，直到零为止。分别计算这批整数中偶数和奇数的平均值。

(2) 已知祖父年龄 70 岁，长孙 20 岁，次孙 15 岁，幼孙 5 岁，问要过多少年，三个孙子的年龄之和同祖父的年龄相等，试用单重循环结构编程实现。

(3) 在歌星大奖赛中，有 10 个评委为参赛的选手打分，分数为 1～100 分。选手最后得分为：去掉一个最高分和一个最低分后其余 8 个分数的平均值。请编写一个程序实现。

(4) 求表达式 $k=x+(x+1)+(x+2)+(x+3)+\cdots+(x+y)$ 的值。要求：输入的 x，y 满足 $x<y$。

(5) 试用单重循环结构编程实现，求出 10 个"韩信点兵数"。该数除以 3 余 2，除以 5 余 3，除以 7 余 4，例如 53，158，263。

(6) 根据整型变量 m 的值，计算公式 $t=1-\dfrac{1}{2\times 2}-\dfrac{1}{3\times 3}-\cdots-\dfrac{1}{m\times m}$。

(7) 找出 1～99 的所有同构数。所谓同构数是：它出现在它平方数的右边。例如：$5^2=25$，5 出现在 25 的右边，$6^2=36$，6 出现在 36 的右边，那么 5 和 6 就是同构数。

(8) 相传，古印度的舍罕王打算重赏国际象棋发明家——宰相西萨·班·达依尔。于是，这位宰相跪在国王面前说："陛下，请您在这张棋盘的第一个小格内，赏给我一粒麦子；在第二个小格内给两粒，第三格内给四粒，照这样下去，每一小格都比前一小格加一倍。陛下啊，把这样摆满棋盘上所有 64 格的麦粒，都赏给您的仆人吧！"国王慷慨地答应了宰相的要求，却发现无法兑现他许下的诺言。这位聪明的宰相到底要求的是多少麦粒呢？

(9) 编程实现求某班同学的平均成绩。设每个班最多有 30 个人，成绩取 0～100 的数。依次输入成绩，如果输入的不是 0～100 的数，或者已经输入了 30 个数，则结束输入，输出计算结果。

(10) 求 $S_n = a + aa + aaa + \cdots + aaa\cdots a$ 的值,其中 a 是一个数字。例如:$2+22+222+2222+22222$ 此时 $n=5$,项数 n 和数字 a 由键盘输入。

【练习题】

一、选择题

1. 以下关于结构化程序设计的叙述中正确的是（　　）。
   A) 一个结构化程序必须同时由顺序、分支、循环三种结构组成
   B) 由三种基本结构构成的程序只能解决小规模的问题
   C) 在 C 语言中,程序的模块化是利用函数实现的
   D) 结构化程序使用 goto 语句会很便捷

2. 结构化程序由三种基本结构组成,三种基本结构组成的算法（　　）。
   A) 只能完成符合结构化的任务　　　B) 只能完成部分复杂的任务
   C) 可以完成任何复杂的任务　　　　D) 只能完成一些简单的任务

3. 下面程序执行后的输出结果是（　　）。

```
void main()
{ int k = 5;
  while( -- k) printf("%d\n",k = 1);
  printf("\n");
}
```

　　A) 1　　　　　　B) 2　　　　　　C) 4　　　　　　D) 死循环

4. 关于"while(条件表达式)循环体",以下叙述正确的是（　　）。
   A) 循环体的执行次数总是比条件表达式的执行次数多一次
   B) 条件表达式的执行次数总是比循环体的执行次数多一次
   C) 条件表达式的执行次数与循环体的执行次数一样
   D) 条件表达式的执行次数与循环体的执行次数无关

5. 下面的程序的运行结果是（　　）。

```
void main()
{   int x = 3;
  do
  { printf("%d\n",x-=2);}while(!( -- x) );
}
```

　　A) 输出的是 1　　　　　　　　　B) 是死循环
　　C) 输出的是 3 和 0　　　　　　　D) 输出的是 1 和 -2

6. C 语言中下列叙述正确的是（　　）。
   A) 不能使用 do-while 语句构成的循环
   B) do-while 语句构成的循环,必须用 break 语句才能退出
   C) do-while 语句构成的循环,当 while 语句中的表达式值为非零时结束循环
   D) do-while 语句构成的循环,当 while 语句中的表达式值为零时结束循环

7. 以下叙述中正确的是( )。
   A) 只要适当地修改代码,就可以将 do-while 与 while 相互转换
   B) 语句"for(表达式1;表达式2;表达式3)循环体",首先计算表达式2的值,以决定是否开始循环
   C) 如根据算法需使用无限循环(即通常所称的"死循环"),则只能使用 while 语句
   D) 语句"for(表达式1;表达式2;表达式3)循环体",只在个别情况下才能转换成 while 语句

8. 以下程序执行后的输出结果是( )。

```
void main()
{   int i,s = 0;
    for(i = 1;i < 10;i += 2) s += i + 1;
    printf(" % d\n",s);
}
```

   A) 自然数 1~9 的累加和   B) 自然数 1~10 的偶数之和
   C) 自然数 1~9 的奇数之和   D) 自然数 1~10 的累加和

9. 关于语句"for(表达式1；表达式2；表达式3)",下面说法中错误的是( )。
   A) for 语句中表达式2可以是关系表达式或逻辑表达式
   B) for 语句可以用于循环次数不确定的情况
   C) for 语句中的三个表达式不可以同时省略
   D) for 语句中表达式1和表达式3可以是逗号表达式

10. 以下程序的输出结果是( )。

```
void main()
{ int i,s = 0;
  for(;;)
  { if(i == 3 || i == 5) continue;
    if(i == 6) break;
    i++;s += i;
  }
  printf(" % d\n",s);
}
```

   A) 10   B) 13
   C) 21   D) 程序陷入死循环

二、程序填空

1. 功能：计算并输出给定整数 n 的所有因子之和(不包括1与自身)。

```
# include < stdio.h >
void main()
{   int s = 0,i;
    / *********** SPACE *********** /
    scanf(【1】);
    / *********** SPACE *********** /
    for(【2】;i < n;i++)
    / *********** SPACE *********** /
```

```
      if(【3】)s = s + i;
        printf("s = %d\n",s);
}
```

2. 功能：求两个非负整数的最大公约数和最小公倍数。

```
#include <stdio.h>
void main()
{   int m,n,r,p,gcd,lcm;
    scanf("%d%d",&m,&n);
    if(m<n) {p=m,m=n;n=p;}
    p = m*n;r = m%n;
    /*********** SPACE ***********/
    while(【1】)
    {
      /*********** SPACE ***********/
      m = n; n = r; 【2】;
    }
    gcd = n; lcm = p/gcd;
    /*********** SPACE ***********/
    printf("gcd = %d,lcm = %d\n",【3】);
}
```

3. 功能：输入一字符串（换行为结束标志）统计其中的数字(0,1,2,…,9不单独统计)、空白和其他字符出现的次数。

```
#include <stdio.h>
void main()
{   char c;
    int digit = 0,black = 0,other = 0;
    while((c = getchar() != '\n')
    {
      /*********** SPACE ***********/
      if(【1】) digit++;
      /*********** SPACE ***********/
      else if(【2】 || c == '\t') black++;
        /*********** SPACE ***********/
        else 【3】;
    }
    printf("数字%d,空白%d,其他字符%d\n",digit,black,other);
}
```

4. 功能：以每行 5 个数来输出 300 以内能被 7 或 17 整除的偶数，并求其总和。

```
#include <stdio.h>
void main()
{   int i,n,sum;
    sum = 0; n = 0;
    /*********** SPACE ***********/
    for(i = 1; 【1】; i++)
      /*********** SPACE ***********/
      if(【2】)
```

```
            if(i%2==0)
            { sum = sum + i;n++;
              printf("%6d",i);
              /*********** SPACE *********** /
              if(n%5==0)    printf(【3】);
            }
    printf("\ntotal = %d",sum);
}
```

三、程序改错

1. 功能：求出以下分数序列的前 n 项之和。公式如下：$\dfrac{2}{1}+\dfrac{3}{2}+\dfrac{5}{3}+\dfrac{8}{5}+\dfrac{13}{8}+\dfrac{21}{13}+\cdots$。

例如：若 $n=5$，则应输出 8.391 667。

```
#include <stdio.h>
void main()
{   int n = 5,a = 2,b = 1,c,k;
    double s = 0.0;
    for(k = 1;k <= n;k++)
    {
        /*********** FOUND *********** /
        s = (double)a/b;
        c = a;
        /*********** FOUND *********** /
        a = b;
        b = c;
    }
    /*********** FOUND *********** /
    printf("\nThe value of function is: %lf\n",c);
}
```

2. 功能：用 $\pi/4\approx 1-1/3+1/5-1/7+\cdots$ 公式求 π 的近似值，直到某一项的绝对值小于 10^{-6} 为止。

```
#include <stdio.h>
void main()
{   int s;   float n,t,pi;
    t = 1,pi = 0;n = 1.0;s = 1;
    /*********** FOUND *********** /
    while(abs(t)>1e-6)
    {
        pi = pi + t;   n = n + 2;
        /*********** FOUND *********** /
        t = s/n; s = -s;
    }
    pi = pi * 4;
    /*********** FOUND *********** /
    printf("pi = %10.6d\n",pi);
}
```

3. 功能：计算正整数 num 各位上的数字之积。

```
# include < stdio. h >
void main()
{ long num;
  / ********** FOUND ********** /
  long k;
  printf("\nPlease enter a number:");
  / ********** FOUND ********** /
  scanf(" % ld", num);
  do
  {   k * = num % 10;
      / ********** FOUND ********** /
      num\ = 10;
  }while (num);
  printf("\n % ld\n",k)
}
```

4. 功能：输出 Fabonacci 数列的前 20 项，要求变量类型定义成浮点型，输出时只输出整数部分，输出项数不得多于或少于 20。

```
# include < stdio. h >
void main()
{   int i;
    float f1 = 1, f2 = 1, f3;
    / ********** FOUND ********** /
    printf(" % 8d",f1);
    / ********** FOUND ********** /
    for(i = 1; i < = 20; i++)
    {   f3 = f1 + f2; f1 = f2;
        / ********** FOUND ********** /
        f3 = f2;
        printf(" % 8.0f",f1);
    }
    printf("\n");
}
```

【实验指导】

第 1 题：

算法提示：

（1）定义输入数据 x，计数变量 s1＝0、s2＝0，平均数变量 av1、av2，并从键盘中输入一个数 x。

（2）根据条件判断 x 是否为 0，如果为 0，则结束操作；如果不为 0，则进一步判断其奇偶性。若为奇数，则 i++、s2＝s2+x；若为偶数，则 j++、s1＝s1+x。

（3）循环输入下一个数据，并判断 x 是否为 0，若为 0，则结束循环。

（4）先判断奇数和偶数的个数，如果为 0，则平均数记为 0；否则，根据各自的累加和，求其平均数 av1 和 av2；并输出到屏幕上。

参考代码：

```c
#include <stdio.h>
void main()
{   int x,i=0,j=0;   float s1=0,s2=0,av1,av2;
    printf("请输入一个数：");
    scanf("%d",&x);
    while(x!=0)
    {
        if(x%2==0)
        {
            s1=s1+x;      i++;
        }
        else
        {
            s2=s2+x;      j++;
        }
        printf("请输入一个数：");
        scanf("%d",&x);
    }
    if(i!=0) av1=s1/i;
    else     av1=0;
    if(j!=0)  av2=s2/j;
    else     av2=0;
    printf("%7.2f, %7.2f\n",av1,av2);
}
```

第 2 题：

算法提示：

假设经过 n 年后，三个孙子的年龄之和同祖父的年龄相等，则存在关系为 b＋c＋d＋3n＝a＋n。

(1) 根据题意定义祖父变量 a＝70、长孙变量 b＝20、次孙变量 c＝15、幼孙变量 d＝5，循环变量 i 和累积变量 sum＝b＋c＋d。

(2) 设置循环的终点 sum＜a，循环增量 sum＝sum＋3。

(3) 根据循环条件，执行 i＋＋ 和 a＋＋。

(4) 使用 printf 函数输出结果。

参考代码：

```c
#include <stdio.h>
void main()
{   int a=70,b=20,c=15,d=5,i=0,sum=b+c+d;
    for(;sum<a;sum+=3)
    {   i++;     a++;    }
    if(sum==a)    printf("需要%d年.\n",i);
    else    printf("无解.\n");
}
```

第 3 题:

算法提示:

(1) 定义循环变量 i 及循环条件 i<=100。
(2) 输入并判断分数的有效性。
(3) 在循环范围内,对分数做累加操作,并寻找最高分 max 和最低分 min。
(4) 输出最高分和最低分,以及不含最高分和最低分的平均值。

参考代码:

```c
#include<stdio.h>
void main()
{
    int score,i,max=-32768,min=32767,sum=0;
    for(i=1;i<=10;i++)
    {
        printf("请输入选手得分: %d=",i);
        scanf("%d",&score);
        if(score>100 || score<=0)    break;
        sum+=score;
        if(score>max)    max=score;
        if(score<min)    min=score;
    }
    printf("%d\n%d\n",max,min);
    printf("选手的最终成绩是: %d\n",(sum-max-min)/8);
}
```

第 4 题:

算法提示:

此题除了用 for 循环实现外,还可以用 while 和 do-while 循环实现,采用 for 循环实现的具体步骤如下:

(1) 利用级数的相关知识,推导出通项式为 x+i。
(2) 确定循环变量的范围为 0<i<=y。
(3) 根据累和的算法得到公式:k=k+(x+i)。

参考代码:

```c
#include<stdio.h>
void main()
{
    int x,y,i;long k=0;
    printf("请输入公式中的变量 x 的值: ");
    scanf("%d,%d,",&x,&y);
    for(i=0;i<=y;i++)
        k=k+(x+i);
    printf("k=%ld\n",k);
}
```

第 5 题：

算法提示：

一个数除以 3 余 2，除以 5 余 3，除以 7 余 4 可以转化为公式：(i%3==2)&&(i%5==3)&&(i%7==4)，具体操作如下：

(1) 定义循环变量 j 和所求数变量 i。
(2) 确定循环初始值和循环条件分别为 j=1 和 j<=10。
(3) 在循环体中，判断条件，并打印符合条件的数。

参考代码：

```
#include <stdio.h>
void main()
{   int i = 0,j;
    for(j = 1;j <= 10;)
    {
        i++;
        if((i%3 == 2)&&(i%5 == 3)&&(i%7 == 4))
        {
            printf("%d\t",i);
            j++;
        }
    }
}
```

第 6 题：

算法提示：

(1) 根据已给的公式，得到通项为 1/(i*i)。
(2) 确定循环变量的范围为 2<i<=m。
(3) 根据累和的算法得到公式：t=t-1.0/(i*i)。
(4) 执行累加循环，输出结果。

参考代码：

```
#include <stdio.h>
void main()
{   int i,m;    double t = 1.0;
    printf("请输入变量 x: ");
    scanf("%d",&m);
    for(i = 2;i <= m;i++)
        t -= 1.0/(i*i);
    printf("\n结果是：%lf\n",t);
}
```

第 7 题：

算法提示：

(1) 定义一个循环变量 i 和一个用于保存 i 平方的变量 y。

(2) 确定循环变量的范围：1<i<100。
(3) 在循环体内部，先计算 j=i*i,再根据同构数的定义判断该数据 i 是否符合条件。
(4) 每找到一个同构数，则输出一个同构数。

参考代码：

```
#include<stdio.h>
void main()
{   int j,i;
    for(i=1;i<100;i++)
    {
        j=i*i;
        if((i==j%10) || (i==j%100) || (i==j%1000))
            printf("同构数：%d\n",i);
    }
}
```

第 8 题：

算法提示：

本题中根据宰相西萨·班·达依尔提出的要求"每一个小格内的麦粒数都是前一个小格内的 2 倍"，可以推得第 n 个小格内的麦粒数为 2^{n-1}，一共获得的麦粒数就是这些方格麦粒数的总和，即 $\sum_{n=1}^{63} 2^{n-1} = 2^0 + 2^1 + \cdots + 2^{63}$。

(1) 定义三个变量 x,y,i。
(2) 设置变量 x 和 y 的初值为 1 和 0。
(3) 利用本题的求解方法——累加方法设置循环的初值 i=1、循环条件 i<=64。
(4) 执行累加过程 x*=2,y+=x*2。
(5) 打印结果。

参考代码：

```
#include<stdio.h>
void main()
{   int i;   unsigned long x,y;
    x=1;y=0;
    for(i=1;i<=64;i++)
    {   x*=2;   y+=x*2;}
    printf("最后一格可以放%llu 粒米\n",x);
    printf("一共可以放%llu 粒米\n",y);
}
```

第 9 题：

算法提示：

(1) 定义一个循环控制变量 i,一个标识符 flag,一个成绩变量 score 和一个统计平均分的变量 ave。
(2) 确定循环的范围：0<=i<30 && flag==1。

(3) 输入学生成绩,根据 score<0 ‖ score>100 条件,判断 score 是否超出范围,如果超出范围,flag=0。
(4) 反复执行循环,当循环条件不满足时,退出循环。
(5) 计算平均分,并输出。

参考代码:

```
#include<stdio.h>
void main()
{   int  i = 0,flag = 1;     float score,ave = 0;
    printf("Enter scores one by one;\n");
    while(i<30 && flag==1)
    {
        printf("请输入学生的成绩: ");
        scanf("%f",&score);
        if(score<0 ‖ score>100) flag = 0;
        else{ ave += score;   i++;}
    }
    if(i>0) ave = ave/i;
    printf("平均分为: %.2f\n",ave);
}
```

第 10 题:

算法提示:

(1) 根据 9 题的算法,得到通项式为:s=s*10+a,sn=sn+s。
(2) 定义变量 s,sn,i,n,确定循环条件为 i<n。
(3) 根据通项式和循环条件求出 s 和 sn 的值。
(4) 使用 printf()函数将结果输出到屏幕上。

参考代码:

```
#include<stdio.h>
void main()
{   int i,s = 0,a,n,sn = 0;
    printf("请输入项数 n 和数字 a: ");
    scanf("%d,%d",&n,&a);
    s = 0;
    for(i = 1;i<=n;i++)
    {   s = s*10+a;        sn = sn+s;      }
    printf("\n%d\n",sn);
}
```

【练习题参考答案】

一、选择题

1~5 ACABD   6~10 DABCD

二、程序填空

1. 【1】"%d",&s   【2】i=2   【3】n%i==0
2. 【1】r!=0   【2】r=m%n   【3】gcd,lcm
3. 【1】c>='0'&& c<='9'   【2】c==' '   【3】other++;
4. 【1】i<300   【2】i%7==0 || i%17==0   【3】"\n"

三、程序改错

1. 错误：s=(double)a/b;
   正确：s=s+(double)a/b;或 s+=(double)a/b;或 s+=a/(double)b;或 s=s+a/(double)b;
   错误：a=b;   正确：a=a+b;
   错误：printf("\nThe value of function is：%lf\n",c);   正确：printf("%lf\n",s);

2. 错误：abs(t)>1e-6   正确：fabs(t)>1e-6
   错误：t=s/n; s=-s;   正确：s=-s;t=s/n;
   错误：pi=%10.6d\n   正确：pi=%10.6f\n

3. 错误：long k;   正确：long k=1;
   错误：scanf("%ld", num);   正确：scanf("%ld", &n);
   错误：num\=10;   正确：num/=10;

4. 错误：printf("%8d",f1);   正确：printf("%8.0f",f1);
   错误：for(i=1;i<=20;i++)   正确：for(i=2;i<=20;i++)
   错误：f3=f2;   正确：f2=f3

实验 4 多重循环结构程序设计

【实验目的】

(1) 进一步掌握 while 语句、do-while 语句和 for 语句的使用。

(2) 掌握循环嵌套使用方法。

(3) 掌握 continue 语句和 break 语句的用法。

【实验内容】

(1) 请输入 5 名学生 4 门课的成绩,分别统计出每个学生的 4 门课程的平均成绩。要求:

① 成绩取 0~100 的数;

② 成绩是依次输入的;

③ 如果输入的不是 0~100 之间的数,或输入的学生个数大于 5 个或学生成绩输入超过 4 门,则结束输入。

(2) 3 对情侣参加婚礼,设 3 个新郎为:A、B、C,三个新娘为:X、Y、Z。有人不知道谁和谁结婚,于是询问了 6 位新人中的 3 位,但听到的回答是这样的:A 说他将和 X 结婚;X 说她的未婚夫是 C;C 说他将和 Z 结婚。这人听后知道他们在开玩笑,全是假话。请编程找出谁将和谁结婚。

(3) 鸡兔同笼问题:共有 98 个头,386 只脚,编程求鸡、兔各多少只。

(4) 编写程序实现:向用户提问"现在正在下雨吗?"提示用户输入 Y 或 N。若输入为 Y,显示"现在正在下雨。";若输入为 N,显示"现在没有下雨。",否则继续提问"现在正在下雨吗?"

(5) 找出 1000 以内的完数,所谓完数是指该数的各因子之和等于该数,如 6=1+2+3。

(6) 输出下列数字金字塔的前 9 列,图案如下:

```
        1
       121
      12321
     1234321
        ⋮
  12345678987654321
```

(7) 甲乙丙 3 位球迷分别预测已进入半决赛的 4 对 A、B、C、D 的名次如下：甲预测，A 第一名、B 第二名；乙预测，C 第一名、D 第三名；丙预测，D 第二名、A 第三名。假设比赛结果，4 队名次互不相同，且甲乙丙的预测各对一半，求 A、B、C、D 4 队的名次。

(8) 用嵌套循环实现"抓交通肇事犯"问题：一辆卡车违反交通规则，撞人后逃跑。现场有三个人目击事件，但都没有记住车牌号，只记下车号的一些特征。甲说：牌照的前两个数字相同；乙说：牌照的后两个数字相同，但与前两个不同，丙是位数学家，他说：四位的车号刚好是一个整数的平方。请根据以上线索求出车号。

(9) 利用随机函数 rand()，生成一个 1~100 的 4×4 的整数方阵，并求其主对角线和次对角线的和。

(10) 设计一个猜数的游戏程序：由计算机产生一个不超过 100 的自然数作为目标数据，允许人们猜想 6 次，在猜的过程中计算机会告诉你猜的数过高或过低，你可以修正并逐步接近目标数据。6 次之内猜中都是成功的，6 次都猜不中则为失败，可以进行下一轮的游戏。

【练习题】

一、选择题

1. 下列叙述中正确的是(　　)。
   A) break 语句只能用于 switch 语句体中
   B) continue 语句的作用是使程序的执行流程跳出包含它的所有循环
   C) break 语句只能用在循环体内和 switch 语句体内
   D) 在循环体内使用 break 语句和 continue 语句的作用相同

2. 以下叙述中正确的是(　　)。
   A) 空语句就是指程序中的空行
   B) 花括号对({})只能用来表示函数的开头和结尾，不能用于其他目的
   C) 复合语句在语法上包含多条语句，其中不能定义局部变量
   D) 用 scanf 从键盘输入数据时，每行数据没按下回车(Enter)键前，可以任意修改

3. 有以下程序段：
```
int i,n;
for(int i = 0;i<4;i++,i++)
{ n = rand()%5;
  switch(n)
  { case 1:
    case 3: printf(" %d\n",n);break;
    case 2:
    case 4: printf(" %d\n",n);continue;
    case 0:exit(0);
  }
  printf(" %d\n",n);
}
```

以下关于程序段执行情况的叙述,正确的是(　　)。
　　A) 当产生的随机数 n 为 1 和 2 时,不做任何操作
　　B) for 循环语句固定执行 8 次
　　C) 当产生的随机数 n 为 0 时,结束程序运行
　　D) 当产生的随机数 n 为 4 时,结束循环

4. 以下叙述中正确的是(　　)。
　　A) 循环发生嵌套时,最多只能两层
　　B) 三种循环 for,while,do-while 可以互相嵌套
　　C) for 语句的圆括号中的表达式不能都省略掉
　　D) 循环嵌套时,如果不进行缩进形式书写代码,则会有编译错误

5. 以下程序执行后输出结果是(　　)。
```
main()
{ int i,n = 0;
  for( i = 2;i < 5;i++)
  { do
    { if(i % 3) continue;
      n++;
    }while(!i);
    n++;
  }
  printf("n = % d\n",n);
}
```
　　A) $n=4$　　　　　B) $n=2$　　　　　C) $n=3$　　　　　D) $n=5$

6. 以下叙述中正确的是(　　)。
　　A) 使用 break 语句可以使流程跳出 switch 语句体
　　B) 在 for 语句中,continue 与 break 的效果是一样的,可以互换
　　C) continue 语句使得整个循环终止
　　D) break 语句不能用于提前结束 for 语句的本层循环

7. 在 C 语言的循环语句 for、while、do-while 中,用于直接中断最内层循环的语句是(　　)。
　　A) continue　　　B) switch　　　　C) break　　　　D) if

8. 以下不是死循环的程序段是(　　)。
　　A) int s=36; while (s) --s;
　　B) for (; ;);
　　C) int k=0; do { ++k; } while (k>=0);
　　D) int i=100; while(1) {i=i%100+1 ; if (i>100) break;}

9. C 语言中 while 和 do-while 循环的主要区别是(　　)。
　　A) do-while 的循环体至少无条件执行一次
　　B) do-while 允许从外部转到循环体内
　　C) while 的循环控制条件比 do-while 的循环控制条件严格
　　D) do-while 的循环体不能是复合语句

10. 以下程序的运行结果是（　　）。

```c
#include<stdio.h>
void main()
{
    int i,j,m=55;
    for(i=1;i<=3;i++)
        for(j=3;j<=i;j++)
            m=m%j;
    printf("%d\n",m);
}
```

A) 0　　　　　　　B) 1　　　　　　　C) 2　　　　　　　D) 3

二、程序填空

1. 功能：已知 X、Y、Z 分别表示 0～9 中不同的数字，编程求出使算式 $XXXX+YYYY+ZZZZ=YXXXZ$ 成立时 X、Y、Z 的值，并要求打印该算式。

```c
#include<stdio.h>
void main()
{
    int x,y,z;
    /*********** SPACE *********** /
    for(x=0; x<10;x++)
     for(y=0;【1】;y++)
     { if(y==x) continue;
        for(z=0;z<10;z++)
        {
         /*********** SPACE *********** /
         if(z==x || z==y)【2】;
         /*********** SPACE *********** /
         if(1111*(x+y+z)==【3】)
          {
            printf("x=%d,y=%d,z=%d\n",x,y,z);
            printf("%d+%d+%d=%d\n",1111*x,1111*y,1111*z,10000*y+1110*x+z);
            exit(0);
          }
        }
     }
}
```

2. 功能：有 100 匹马，驮 100 担货，大马驮三担，中马驮 2 担，两匹小马驮一担，求大、中、小马各多少匹？

```c
#include<stdio.h>
void main()
{
    int hb,hm,hl,n=0;
    for(hb=0;hb<=100;hb+=3)
    /*********** SPACE *********** /
        for(hm=0;hm<=100-hb;【1】)
        {
            /*********** SPACE *********** /
```

```
            hl = 100 - 【2】;
          / *********** SPACE *********** /
            if(hb/3 + hm/2 + 【3】 == 100)
            {
                n++;
                printf("hb = %d,hm = %d,hl = %d\n",hb/3,hm/2,2 * hl);
            }
        }
        printf("n = %d\n",n);
}
```

3. 功能：求 1!＋3!＋5!＋…＋n! 的和。

```
#include <stdio.h>
void main()
{
    long int f,s;   int i,j,n;
    / *********** SPACE *********** /
    【1】;
    scanf("%d",&n);
    for(i = 1;i <= n;i = i + 2)
    {
        f = 1;
        / *********** SPACE *********** /
        for(j = 1;【2】;j++)
        / *********** SPACE *********** /
        【3】;   s = s + f;
    }
    printf("n = %d,s = %ld\n",n,s);
}
```

4. 功能：找出一个大于给定整数且紧随这个整数的素数。

```
#include <stdio.h>
void main()
{   int   n,i,k;
    scanf("%d",&n);
    for(i = n + 1; ;i++)
    { / *********** SPACE *********** /
        for(【1】;k < i;k++)
        / *********** SPACE *********** /
        if(i % k == 0)【2】;
        / *********** SPACE *********** /
        if(【3】) printf("这个素数是：%d\n",i);
    }
}
```

三、程序改错

1. 功能：若一个口袋中放有 12 个球，其中有 3 个红色的，3 个白色的，6 个黑色的，从中任取 8 个球，问共有多少种不同的颜色搭配？

```
#include <stdio.h>
```

```
void main()
{
    int r,w,b,n = 0;
    for(r = 0;r <= 3;r++)
        for(w = 0;w <= 3;w++)
            / ********** FOUND ********** /
            for(b = 0;b <= 6;b++)
                / ********** FOUND ********** /
                if(r + w + b = 8)
                    n = n + 1;
    printf(" % d\n",n);
}
```

2. 功能：打印出以下图案。

```
            *
          * * *
        * * * * *
      * * * * * * *
```

```
#include < stdio. h >
void main()
{ int i,m,n;
  / ********** FOUND ********** /
  for(i = 0;i <= 4;i++)
  {
    / ********** FOUND ********** /
    for(m = 1;m <= 4;m++)   printf("  ");
    for(n = 1;n <= 2 * i - 1;n++) printf(" * ");
    printf("\n");
  }
}
```

3. 功能：算式?2*7?＝3848 中缺少一个十位数和一个个位数。编程求出使该算式成立时的这两个数,并输出正确的算式。

```
#include < stdio. h >
void main()
{ int x,y;
  / ********** FOUND ********** /
  for(x = 0;x < 10;x++)
  / ********** FOUND ********** /
    for(y = 0;y <= 10;y++)
    / ********** FOUND ********** /
      if((10 * x + 2) * (70 + y) = 3848)
      {
        / ********** FOUND ********** /
        printf(" %d *  %d = 3848\n",10 * y + 2,70 + x);
        exit(0);
      }
}
```

4. 功能：用下面的和式求圆周率的近似值，直到最后一项的绝对值小于等于 0.0001。

$$\frac{\pi}{4} = 1 - \frac{1}{3} + \frac{1}{5} - \frac{1}{7} + \cdots\cdots$$

```
#include <stdio.h>
#include <stdlib.h>
#include <math.h>
void main()
{  int i=1;
   /********** FOUND **********/
   int s=0,t=1,p=1;
   /********** FOUND **********/
   while(fabs(t)<=1e-4)
   { s=s+t;p=-p;i=i+2;t=p/i;}
   /********** FOUND **********/
   printf("pi=%d\n",s*4);
}
```

【实验指导】

第 1 题：

算法提示：

(1) 本题是二重嵌套循环的问题，先定义两个整型变量 i、j，分别控制学生个数和成绩个数；再定义三个浮点型变量 score、sum、average，分别代表学生成绩、成绩总和和平均分。

(2) 先根据学生个数 i，设置外层循环，循环条件为 i≤5；再根据学生成绩 j，设置内层循环，循环条件为 j≤4。

(3) 在内层循环中，输入学生的成绩，并判断学生成绩的合理性，若成绩不属于 0~100，则结束循环；若满足条件，执行成绩求和。

(4) 当内层循环结束后，在外层循环中，通过 average=sum/4 求得该名学生的平均分，并输出其总分和平均分。

参考代码：

```
#include <stdio.h>
void main()
{   int i,j;
    float score,sum,average;
    for(i=1;i<=5;i++)
    {   sum=0;
        for(j=1;j<=4;j++)
        {   printf("请输入学生成绩：");
            scanf("%f",&score);
            if(score>100||score<0)   break;
            else sum=sum+score;
        }
```

```
            average = sum/4;
            printf("第%d位同学总分为：%2f,平均分为：%2f\n", i,sum,average);
      }
}
```

第2题：

算法提示：

将 A、B、C 三人用 1,2,3 表示,将 X 和 A 结婚表示为：x=1,将 Y 不与 A 结婚表示为：y!=1。按照题目中的叙述可以写出以下两个表达式：

x!=1(A 不与 X 结婚)且 x!=3(X 的未婚夫不是 C)且 z!=3(C 不与 Z 结婚)

x!=y 且 x!=z 且 y!=z(X、Y、Z 三个新娘不能结为配偶)

采用穷举法判断假设情况是否正确,具体操作步骤如下：

(1) 定义三个变量 x、y、z,分别代表三位新娘。

(2) 采用穷举法对三位新娘进行配偶,即利用嵌套的 for 语句实现,循环判断的条件分别是 x<=3,y<=3,z<=3。

(3) 按照嵌套循环行优先原则可知,z 的变化是最内部的,y 的变化是次内部的,x 的变化是外部的。

(4) 根据 x!=1&&x!=3&&z!=3&&x!=y&&x!=z&&y!=z 条件,判断出新娘满意的配偶。

(5) 在每进行一次判断后,打印其结果。

参考代码：

```
#include<stdio.h>
void main()
{   int x,y,z;
    for(x=1;x<=3;x++)
        for(y=1;y<=3;y++)
            for(z=1;z<=3;z++)
                if(x!=1&&x!=3&&z!=3&&x!=y&&x!=z&&y!=z)
                { printf("X will marry to %c.\n",'A'+x-1);
                  printf("Y will marry to %c.\n",'A'+y-1);
                  printf("Z will marry to %c.\n",'A'+z-1);
                }
}
```

第3题：

算法提示：

(1) 每只鸡有 2 只脚和 1 个头,每只兔子有 4 只脚和 1 个头,设鸡有 x 只,兔子有 y 只。

(2) 由题分析可得：条件 1(x+y==98)和条件 2(2*x+4*y==386)。

(3) 定义整型变量 x、y,确定 x 和 y 的变化范围都为[1,97]。

(4) 输出同时满足两个条件的 x 和 y 的值。

参考代码：

```
# include <stdio.h>
void main()
{   int j,t;
    for(j=1;j<98;j++)
        for(t=1;t<98;t++)
            if((j*2+t*4==386)&&(j+t==98))
                printf("鸡有%5d只,兔子有%5d只.\n",j,t);
}
```

第 4 题：

算法提示：

(1) 定义一个用于判断下雨状态的字符型标识 flag。当 flag＝Y 表示下雨，flag＝N 表示不下雨。

(2) 利用 while(1)实现循环提问"现在正在下雨吗"的功能，直到循环体中遇到 break，才结束循环提问环节。

(3) 将输入的标识符 flag 利用 toupper 函数转换成对应的大写字母,接着利用 if-else 语句实现下雨情况的判断。

(4) 在每进行一次判断后,先屏幕输出判断结果,在终止循环操作。

参考代码：

```
# include <stdio.h>
# include <ctype.h>
void main()
{ char flag;
  while(1)
  { printf("现在正在下雨吗?(Yes or No): ");
    scanf(" %c",&flag);
    if(toupper(flag) == 'Y')
    { printf("现在正在下雨.");break;}
    if(toupper(flag) == 'N')
    { printf("现在没有下雨.");break;}
  }
}
```

第 5 题：

算法提示：

(1) 定义三个变量 r,j,i。

(2) 设置外层循环变量的初始值和范围：$i=1,i<1000$。

(3) 设置内层循环,先找出该数的各因子,然后求各因子之和,最后在外层循环内判断各因子之和是否等于该数。

(4) 在每进行一次判断后,输出符合条件的完数。

参考代码：

```
# include < stdio.h >
void main()
{   int r,j,i;
    for(i = 1;i < 1000;i++)
    {   r = 0;
        for(j = 1;j < i;j++)
            if(i % j == 0)    r = r + j;
        if(r == i)     printf(" % d\n",r);
    }
}
```

第 6 题：
算法提示：

本题是一个金字塔问题,通过图形可以得到每个金字塔中最中间的位置是该行数中最大的一个,也是当前所在行的行号。图形以这个最大值为中心,依次向两边递减,直到两边的数字为 1,才结束打印数字。但在打印数字时,它们却是以居中的形式排列的,因此最左边都是用空格来占位的。所以本题中,针对于每一行,都可以将其图形拆分为三部分实现：打印空格部分,从 1 到该行行号部分,从该行行号 − 1 到 1 部分,具体步骤如下：

（1）每一行的图案是由若干个空格和数字组成的。
（2）空格的数目 m 与行号 i 的关系为 $m=$ 总行数 Row$-i$。
（3）以中间最大值为分界线,前半部分数字的数目 n 与行号 i 的关系为 $n=i$。
（4）后半部分数字的数目 k 与行号 i 的关系为 $k=i-1$。
（5）用三个循环分别在每一行上按照上述的关系输出对应数目的空格与数字。

参考代码：

```
# include < stdio.h >
# define Row 9
void main()
{   int i,m,n,k;
    for(i = 1;i <= Row;i++)
    {   for(m = 1;m <= Row − i;m++) printf("   ");
        for(n = 1;n <= i;n++)       printf(" % d",n);
        for(k = i − 1;k > 0;k −− )   printf(" % d",k);
        printf("\n");
    }
}
```

第 7 题：
算法提示：

先给 A,B,C,D 4 人排不同的名次,即让他们取不同的值,然后根据题目所给的条件（甲,乙,丙,三人每人说对一半）进行判断,得出他们说的两个名次不可能同时出现,最后输出结果,具体步骤如下：

（1）定义 4 个变量 a,b,c,d。

(2) 设置 3 个循环实现 4 人不同的取值,在循环内部,根据条件 b==a‖c==a‖c==b,找出符合甲,乙,丙,三人每人说对一半的 a,b,c,d。

(3) 判断((a==1)!=(b==2))&& ((c==1)!=(d==3))&& ((d==2)!=(a==3)),打印 a,b,c,d 各自的结果。

参考代码:

```
#include <stdio.h>
void main()
{   int a,b,c,d;
    for(a=1;a<=4;a++)
        for(b=1;b<=4;b++)
        {   if(b==a) continue;
            for(c=1;c<=4;c++)
            {   if (c==a‖c==b) continue;
                d=10-a-b-c;
                if(((a==1)!=(b==2))&&((c==1)!=(d==3))&&((a==3)!=(d==2))==1)
                    printf("A=%d,B=%d,C=%d,D=%d\n",a,b,c,d);
            }
        }
}
```

第 8 题:

算法提示:

假设这个四位数的前两位数字都是 i,后两位数字都是 j,其中 i 和 j 都在 0~9 变化,则这个可能的四位数 k 为:k=1000*i+100*i+10*j+j;再设整数变量 m,使其用于计算 m*m。由于 k 是一个四位数,所以,m 值不可能小于 31,因此,可从 31 开始试验是否满足 k==m*m,若不满足,则 m 加 1 再试,直到找到满足这些限制条件的 k 为止结束测试,具体步骤如下:

(1) 定义循环控制变量 i 和 j,四位数 k,所求整数 m。

(2) 在双重循环中,先根据要求将 1000*i+100*i+10*j+j 的结果赋值给 k,再设置第三层循环,用于找寻符合条件的 m。

(3) 打印满足 k=m*m 的所求车牌号 k 结果,并结束循环。

参考代码:

```
#include <stdio.h>
void main()
{   int k,i,j,m;
    for(i=1;i<=9;i++)
        for(j=0;j<=9;j++)
        {   k=1000*i+100*i+10*j+j;
            for(m=31;m<100;m++)
                if(k==m*m)
                {   printf("这个车牌是:%d\n",k);
                    break;
                }
        }
}
```

```
            }
        }
```

第9题：

算法提示：

(1) 定义一个随机数 count，行列控制变量 i 和 j，主、次对角线累和器 sum1、sum2。

(2) 确定 i、j 的变化范围 $[1,4]$，通过二重循环控制 4×4 的方阵。

(3) 在循环内部，根据主次对角线的判断条件（$i==j$ 和 $i+j==5$），计算其和。

(4) 循环结束之后，输出 n 的值。

参考代码：

```c
# include <stdio.h>
void main()
{   int count = 0, i, j, sum1 = 0, sum2 = 0;
    for(i = 1;i <= 4;i++)
        for(j = 1;j <= 4;j++)
        {   count = rand() % 10;
            printf(" % 5d",count);
            if((i == 4 || j == 4)&&(i!= 4&&j == 4)) printf("\n");
            if(i == j)      sum1 = sum1 + count;
            if(i + j == 5)  sum2 = sum2 + count;
        }
    printf("\n 主对角线的和为: % d,sum2 = 次对角线的和为: % d\n",sum1,sum2);
}
```

第10题：

算法提示：

(1) 定义循环控制变量 i，随机数 n，猜数变量 g，字符变量 ch。

(2) 利用 rand()％100 随机生成一个 $0\sim100$ 的数赋值给整型 n。

(3) 设置循环初始条件 $i=0$ 和循环控制条件 $i<6$。

(4) 循环执行猜数游戏，根据局数的规定，在内层循环中，若猜数 $g>$随机数 n，则提示"太高"；若猜数 $g<$随机数 n，则提示"太低"；若猜数 $g=$随机数 n，则提示"恭喜猜对了"；当超过内层循环时，提示"很遗憾，全部失败"。

(5) 在外层循环中，通过获取 ch 的值，实现答题环节的循环操作。

参考代码：

```c
# include <stdio.h>
void main()
{   int i,n,g; char ch = 'y';
    n = (int)(rand() % 100);
    while(1)
    {   for(i = 0;i < 6;i++)
        {   printf("请猜数: ");
```

```
            scanf("%d",&g);
            if(g>n)    printf("太高.\n");
            else if(g<n) printf("太低.\n");
                else{printf("恭喜猜对了.\n");i=6;}
        if(i==5) printf("很遗憾,全部失败.\n");
        }
        printf("除n(n代表游戏结束)之外,按任意键重新开启游戏,请问是否继续:");
        ch=getch();
        if(ch=='n'){    printf("\n游戏结束.\n");break;}
        else{n=(int)(rand()%100);printf("\n游戏重新开始.\n");}
    }
}
```

【练习题参考答案】

一、选择题
1~5 CDCBA   6~10 ACDAB

二、程序填空
1. 【1】x<10   【2】continue   【3】10000*y+1110*x+z
2. 【1】hm+=2   【2】hb-hm   【3】2*hl
3. 【1】s=0   【2】j<=i   【3】f=f*j
4. 【1】k=2   【2】break   【3】k==i

三、程序改错
1. 错误:b=0   正确:b=2
   错误:r+w+b=8   正确:r+w+b==8
2. 错误:i=0   正确:i=1
   错误:m<=4   正确:m<=4-i
3. 错误:x=0   正确:x=1
   错误:y<=10   正确:y<10
   错误:(10*x+2)*(70+y)=3848   正确:(10*x+2)*(70+y)==3848
   错误:10*y+2,70+x   正确:10*x+2,70+y
4. 错误:int s=0,t=1,p=1;   正确:float s=0,t=1,p=1
   错误:fabs(t)<=1e-4   正确:fabs(t)>1e-4
   错误:printf("pi=%d\n",s*4);   正确:printf("pi=%f\n",s*4)

【拓展训练】

一、谜语博士的难题1

诚实族和说谎族是来自两个荒岛的不同民族,诚实族的人永远说真话,而说谎族的人永远说假话。谜语博士是个聪明的人,他要来判断所遇到的人是来自哪个民族的。谜语博士遇到三个人,知道他们可能是来自诚实族或说谎族的。为了调查这三个人是什么族的,博士分别问了他们的问题,这是他们的对话。问第一个人:"你们是什么族?"答:"我们之中有两个来自诚实族。"第二个人说："不要胡说,我们三个人中只有一个是诚实族的。"第三个人听了第二个人的话后说："对,就是只有一个诚实族的。"请根据他的回答判断他们分别是哪个族的。

1. 问题分析与算法设计。

假设这三个人分别为 A、B、C,若说谎,其值为 0;若诚实,其值为 1。根据题目中三个人的话可分别列出

第一个人：a&&a+b+c==2 ‖ !a&&a+b+c!=2

第二个人：b&&a+b+c==1 ‖ !b&&a+b+c!=1

第三个人：c&&a+b+c==1 ‖ !c&&a+b+c!=1

利用穷举法,可以很容易地推出结果。

2. 程序与程序注释。

```
#include<stdio.h>
void main()
{   int a,b,c;
    for(a=0;a<=1;a++)        /*穷举每个人是说谎还是诚实的全部情况*/
    for(b=0;b<=1;b++)        /*说谎：0 诚实：1*/
    for(c=0;c<=1;c++)
    if((a&&a+b+c==2 ‖ !a&&a+b+c!=2)&&(b&&a+b+c==1 ‖ !b&&a+b+c!=1)&&(c&&a+b+c==1 ‖ !c&&a+b+c!=1))        /*判断是否满足题意*/
    {   /*输出判断结果*/
        printf("A is a %s.\n",a?"honest":"lier");
        printf("B is a %s.\n",b?"honest":"lier");
        printf("C is a %s.\n",c?"honest":"lier");
    }
}
```

【运行结果】

A is a lier. (说谎族)
B is a lier. (说谎族)
C is a lier. (说谎族)

二、谜语博士的难题 2

两面族是荒岛上的一个新民族,他们的特点是说话真一句假一句且真假交替。如果第一句为真,则第二句是假的;如果第一句为假,则第二句就是真的,但是第一句是真是假没有规律。

谜语博士遇到三个人,知道他们分别来自三个不同的民族：诚实族、说谎族和两面族。三人并肩站在博士前面。

博士问左边的人："中间的人是什么族的?"左边的人回答："诚实族的。"

博士问中间的人："你是什么族的?"中间的人回答："两面族的。"

博士问右边的人："中间的人究竟是什么族的?"右边的人回答："说谎族的。"

请问：这三个人都是哪个民族的?

1. 问题分析与算法设计。

这个问题是两面族问题中最基本的问题,它比前面只有诚实族和说谎族的问题要复杂

解题时要使用变量将这三个民族分别表示出来,令

  变量 $A=1$ 表示:左边的人是诚实族的(用 C 语言表示为 A);
  变量 $B=1$ 表示:中间的人是诚实族的(用 C 语言表示为 B);
  变量 $C=1$ 表示:右边的人是诚实族的(用 C 语言表示为 C);
  变量 $AA=1$ 表示:左边的人是两面族的(用 C 语言表示为 AA);
  变量 $BB=1$ 表示:中间的人是两面族的(用 C 语言表示为 BB);
  变量 $CC=1$ 表示:右边的人是两面族的(用 C 语言表示为 CC);
  则左边的人是说谎族可以表示为 $A!=1$ 且 $AA!=1$(不是诚实族和两面族的人),用 C 语言表示为!A&&!AA。
  中间的人是说谎族可以表示为 $B!=1$ 且 $BB!=1$,用 C 语言表示为!B&&!BB。
  右边的人是说谎族可以表示为 $C!=0$ 且 $CC!=1$,用 C 语言表示为!C&&!CC。
  根据题目中"三人来自三个民族"的条件,可以列出:

  a + aa! = 2&&b + bb! = 2&&c + cc! = 2 且 a + b + c = = 1&&aa + bb + cc = = 1

  根据左边人的回答可以推出:若他们是诚实族,则中间的人也是诚实族;若他不是诚实族,则中间的人也不是诚实族,以上条件可以表示为

  c&&!b&&!bb || (!c&&!cc)&&(b || bb) || !c&&cc

  将全部逻辑条件联合在一起,利用穷举的方法求解,凡是使上述条件同时成立的变量取值就是题目的答案。

  2. 程序与程序注释。

```c
#include<stdio.h>
int main()
{   int a,b,c,aa,bb,cc;
    for(a=0;a<=1;a++)  /*穷举全部情况*/
        for(b=0;b<=1;b++)
            for(c=0;c<=1;c++)
                for(aa=0;aa<=1;aa++)
                    for(bb=0;bb<=1;bb++)
                        for(cc=0;cc<=1;cc++)
                            if(a+aa!=2 && b+bb!=2 && c+cc!=2 && a+b+c==1 && aa+bb+cc==1 && (a&&!aa&&b&&!bb || !a&&!b) && !b && (c&&!b&&!bb || (!c&&!cc) && (b || bb) || !c&&cc))
                            /*判断逻辑条件*/
                            {   /*输出最终的推理结果*/
                                printf("The man stand on left is a %s.\n",aa?"double-dealer":(a?"honest":"lier"));
                                printf("The man stand on left is a %s.\n",bb?"double-dealer":(b?"honest":"lier"));
                                printf("The man stand on left is a %s.\n",cc?"double-dealer":(c?"honest":"lier"));
                            }
}
```

【运行结果】

The man stand on left is a double-dealer.(左边的人是两面族)
The man stand on center is a lier.(中间的人是说谎族)
The man stand on right is a honest.(右边的人是诚实族)

三、黑与白

有 A、B、C、D、E 5 人，每人额头上都贴了一张黑或白的纸。5 人对坐，每人都可以看到其他人额头上纸的颜色。5 人相互观察后：

A 说："我看见有三人额头上贴的是白纸，一人额头上贴的是黑纸。"
B 说："我看见其他四人额头上贴的都是黑纸。"
C 说："我看见一人额头上贴的是白纸，其他三人额头上贴的是黑纸。"
D 说："我看见四人额头上贴的都是白纸。"
E 什么也没说。

现在已知额头上贴黑纸的人说的都是谎话，额头贴白纸的人说的都是实话。问这 5 人谁的额头是贴白纸，谁的额头贴的是黑纸？

1. 问题分析与算法设计。

假如变量 A、B、C、D、E 表示每个人额头上所贴纸的颜色，0 代表黑色，1 代表白色。根据题目中 A、B、C、D 4 人所说的话可以总结出下列关系。

A 说：a&&b+c+d+e==3 ‖ !a&&b+c+d+e!=3
B 说：b&&a+c+d+e==0 ‖ !b&&a+c+d+e!=0
C 说：c&&a+b+d+e==1 ‖ !c&&a+b+d+e!=1
D 说：d&&a+b+c+e==4 ‖ !d&&a+b+c+e!=4

穷举每个人额头所贴纸的颜色的所有可能的情况，代入上述表达式中进行推理运算，使上述表达式为"真"的情况就是正确的结果。

2. 程序与程序注释。

```c
#include<stdio.h>
void main()
{ int a,b,c,d,e;
  for(a=0;a<=1;a++)                /*黑色：0   白色：1*/
    for(b=0;b<=1;b++)              /*穷举5个人额头贴纸的全部可能*/
      for(c=0;c<=1;c++)
        for(d=0;d<=1;d++)
          for(e=0;e<=1;e++)
            if((a&&b+c+d+e==3 ‖ !a&&b+c+d+e!=3)&&(b&&a+c+d+e==0
              ‖ !b&&a+c+d+e!=0)&&(c&&a+b+d+e==1 ‖ !c&&a+b+d+e!=1)&&(d&&a+b+c+e==4 ‖
              !d&&a+b+c+e!=4))
              {
                printf("A is pasted a piece of %s paper on his forehead.\n",
                  a?"white":"black");
                printf("B is pasted a piece of %s paper on his forehead.\n",
                  b?"white":"black");
                printf("C is pasted a piece of %s paper on his forehead.\n",
                  c?"white":"black");
```

```
                            printf("D is pasted a piece of %s paper on his forehead.\n",
        d?"white":"black");
                            printf("E is pasted a piece of %s paper on his forehead.\n",
        e?"white":"black");
                        }
    }
```

【运行结果】

A is pasted a piece of black paper on his forhead.
B is pasted a piece of black paper on his forhead.
C is pasted a piece of white paper on his forhead.
D is pasted a piece of black paper on his forhead.
E is pasted a piece of white paper on his forhead.

实验 5 一维数组

【实验目的】

(1) 掌握一维数组的定义、赋值和输入输出的方法。
(2) 掌握与数组有关的算法。

【实验内容】

(1) 输入 20 个整数存入数组中,输出其中的奇数并求其和。
(2) 由键盘输入 15 个数存入数组中,输出其中的最大值、最小值及平均值。
(3) 由键盘输入 10 个数,输出小于平均值的数及其个数。
(4) 输出一维整型数组元素中最大的值和它所在的下标。
(5) 由键盘输入 10 个大小无序排列的整数,用选择法由大到小排序输出。
(6) 求数组 a 中的最大数和次最大数,并把最大数和 a[0] 中的数对调、次最大数和 a[1] 中的数对调。
(7) 一数组中已存放了 10 个由小到大排序的整数,现从键盘输入一个整数,将此数插入该数组中,使数组仍然是有序的。
(8) 编一程序,将所有大于 1 小于整数 $m(m \leqslant 100)$ 的素数存入数组 a 中,并统计素数的个数。
(9) 求出 1 到 50 之间(含 50)能被 7 或 11 整除的所有整数放在数组 a 中,并输出这些数的个数。
(10) 将 3 位整数(100~999)中即是完全平方数,又有两位数字相同的整数存入数组 a 中并输出,例如 144、676 等。

【练习题】

一、选择题

1. 正确的数组定义语句是( )。
   A) int a[ ]; 　　　　　　　　　　B) int a[5]={2,4,6};
   C) int a[ ]={ }; 　　　　　　　　D) int a[5]={1,3,5,7,9,0};

2. 若有说明：int a[5];则对 a 数组元素的正确引用是(　　)。

　　A) a[5]　　　　　B) a[1,3]　　　　C) a(2)　　　　D) a[5-5]

3. 假定 int 类型变量占用两个字节,若有定义：int c[10]={0,3,6};,则数组在内存中所占字节数是(　　)。

　　A) 3　　　　　　B) 6　　　　　　C) 8　　　　　D) 20

4. 在 C 语言中,引用数组元素时,其数组下标的数据类型允许是(　　)。

　　A) 整型常量　　　　　　　　　　B) 整型表达式
　　C) 整型常量或整型表达式　　　　D) 任何类型的表达式

5. 执行下面程序段后,变量 k 的值为(　　)。

int k = 2, s[2];
s[0] = k; k = s[1] * 10;

　　A) 不定值　　　　B) 0　　　　　　C) 10　　　　D) 20

6. 以下叙述中错误的是(　　)。

　　A) 对于 double 类型数组,不可以直接用数据名对数组进行整体输入或输出
　　B) 数组名代表的是数组所占存储区的首地址,其值不可改变
　　C) 当程序执行中,数组元素的下标超出所定义的下标范围时,系统将给出"下标越界"的出错信息
　　D) 可以通过赋初值的方式确定数组元素的个数

7. 以下程序的运行结果是(　　)。

```
# include <stdio.h>
main()
{ int s[12] = {1,2,3,4,4,3,2,1,1,1,2,3},c[5] = {0},i;
  for(i = 0;i < 12;i++)    c[s[i]]++;
  for(i = 1;i < 5;i++)    printf("%d",c[i]);
  printf("\n");
}
```

　　A) 1 2 3 4　　　B) 2 3 4 4　　　C) 4 3 3 2　　　D) 1 1 2 3

8. 有如下说明,则数值不为 9 的表达式是(　　)。

int a[10] = {0,1,2,3,4,5,6,7,8,9};

　　A) a[10−1]　　　B) a[8]　　　　C) a[9]−0　　　D) a[9]−a[0]

9. 以下程序的输出是(　　)。

```
# include <stdio.h>
void main()
{ int a[10] = {1,2,3,4,5,6,7,8,9,10};
  printf("%d\n",a[a[1]*a[2]]);
}
```

　　A) 3　　　　　　B) 4　　　　　　C) 7　　　　　D) 2

10. 以下程序运行后的输出结果是(　　)。

```c
#include<stdio.h>
void main()
{ int a[5]={1,2,3,4,5},b[5]={0,2,1,3,0},i,s=0;
  for(i=1;i<3;i++) s=s+a[b[i]];
  printf("%d\n",s);
}
```

  A) 不定值   B) 5   C) 15   D) 6

二、程序填空

1. 功能：计算数组 x 中 10 个数的平均值（规定所有数为正数），并将大于平均值的数放在数组 y 中并输出。

```c
#include<stdio.h>
#include<stdlib.h>
void main()
{ int i,j;double x[10],y[10];
  double av;
  /*********** SPACE ************/
  av=【1】;
  for(i=0;i<10;i++)
  { x[i]=rand()%50;
    printf("%4.0f",x[i]);
  }
  printf("\n");
  for(i=0;i<10;i++)
  /*********** SPACE ************/
  av=av+【2】;
  av/=10;
  for(i=j=0;i<10;i++)
    if(x[i]>av)
  /*********** SPACE ************/
      y[【3】]=x[i];
    y[j]=-1;
  printf("\nThe average is:%f\n",av);
  for(i=0;y[i]>=0;i++)
    printf("%5.1f",y[i]);
  printf("\n");
}
```

2. 功能：删除一维数组中所有相同的数，使之只剩一个。数组中的数已按由小到大的顺序排列。例如，若一维数组中的数据是 1,1,1,2,2,2,3,4,4,5,5,6,6。删除后，数组中的内容应该是：1,2,3,4,5,6。

```c
#include<stdio.h>
void main()
{ int a[11]={1,1,1,2,2,2,3,4,4,5,5},i,n=11,j=0,t;
  printf("The original data:\n");
  for(i=0;i<n;i++)
```

```
        printf(" %4d",a[i]);
    t = a[0];
    /*********** SPACE ***********/
    for(i = 1;i < n;【1】)
    /*********** SPACE ***********/
    if(【2】);
       else
       {
    /*********** SPACE ***********/
           【3】;
           t = a[i];
       }
    a[j++] = t;
    printf("\nThe data after deleted:\n");
    for(i = 0;i < j;i++) printf(" %4d",a[i]);
       printf("\n");
}
```

3. 功能：求一维数组的平均值，并对所得结果进行四舍五入保留两位小数。

```
#include <stdio.h>
#include <conio.h>
void main()
{
    double avg = 0.0,sum = 0.0,x[10] = {10.4,12.3,15.6,10.8,11.2,13.5,16.7,13.6,12.6,14.8};
    int i;
    long t;
    printf("\nThe Original data is:\n");
    for(i = 0;i < 10;i++)  printf(" %6.1f",x[i]);
    printf("\n");
    for(i = 0;i < 10;i++)
    /*********** SPACE ***********/
       【1】;
    avg = sum/10;
    /*********** SPACE ***********/
    avg = 【2】;
    /*********** SPACE ***********/
    t = 【3】;
    avg = (double)t/100;
    printf("average = %f\n",avg);
}
```

4. 功能：从键盘输入一个下标 n，把数组 a 中比 $a[n]$ 小的元素放在它的右边，比它大的元素放在它的左边，排列成的新数组仍然保存在原数组中。

```
#include <stdio.h>
void main()
{   int i,n,j = 0,k = 0,t;
    int a[10] = {45,55,32,44,52,78,89,63,76,85};
    int b[10];
    printf("\nThe original list is:\n");
```

```
        for(i = 0;i < 10;i++)   printf(" %4d",a[i]);
        printf("\nInput n:\n");
        scanf(" %d",&n);
        t = a[n];
        /*********** SPACE ***********/
        for(i = 0; 【1】;i++)
        {
          if(a[i]< t)
            b[j++] = a[i];
          if(a[i]> t)
            a[k++] = a[i];
        }
        /*********** SPACE ***********/
        【2】;
        /*********** SPACE ***********/
        for(i = 0;【3】;i++,k++)
          a[k] = b[i];
        printf("\nThe new list is:\n");
        for(i = 0;i < 10;i++)
          printf(" %4d",a[i]);
}
```

三、程序改错

1. 功能：按顺序给数组 *s* 中的元素赋予从 2 开始的偶数，然后再按顺序对每 5 个元素求一个平均值，并将这些值依次存放在数组 *w* 中，若数组 *s* 中元素的个数不是 5 的倍数，多余部分忽略不计。

例如，数组 *s* 有 14 个元素，则只对前 10 个元素进行处理，不对最后的 4 个元素求平均值。

```
#include < stdio.h>
main()
{ double a[20],b[4];
  int i,n,k; double sum;
  for (k = 2,i = 0;i < 20;i++)
  {
    a[i] = k;
    k += 2;
  }
  /********** FOUND **********/
  sun = 0.0;
  for(n = 0,i = 0;i < 20;i++)
  {
    sum += a[i];
    /********** FOUND **********/
    if (i + 1 %5 == 0)
    {
      b[n] = sum/5;sum = 0;n++;
    }
  }
  printf("The original data:\n");
```

```
   for (i = 0;i < 20;i++)
   {
     if(i % 5 == 0) printf("\n");
     printf(" % 4.0f",a[i]);
   }
   printf("\n\nThe result:\n");
   for(i = 0;i < n;i++) printf(" % 6.2f  ",b[i]);
   printf("\n\n");
}
```

2. 功能：假定整数数列中的数不重复，并存放在数组中。删除数列中值为 x 的元素。

```
# include < stdio. h >
void main()
{ int w[20] = { - 3,0,1,5,7,99,10,15,30,90},x,n,i;
  int   p = 0;
  n = 10;
  printf("The original data :\n");
  for(i = 0;i < n;i++) printf(" % 5d",w[i]);
  printf("\nInput x (to delete):");scanf(" % d",&x);
  printf("Delete   :   % d\n",x);
  w[n] = x;
  while(x != w[p])
     p = p + 1;
  / ********** FOUND ********** /
  if(P == n)   printf(" *** Not be found! *** \n\n");
    else
    {
        for(i = p;i < n;i++)
        / ********** FOUND ********** /
          w[i + 1] = w[i];
        n = n - 1;
        for(i = 0;i < n;i++) printf(" % 5d",w[i]);
        printf("\n\n");
    }
}
```

3. 功能：用选择法对数组中的 n 个元素按从小到大的顺序进行排序。

```
# include < stdio. h >
void main()
{    int a[5] = {10,3,5,7, - 4},i,j,t,p;
     printf("排序前的数据：\n");
     for(i = 0;i < 5;i++)
        printf(" % 4d",a[i]);
     for(j = 0;j < 4;j++)
     {
     / ********** FOUND ********** /
        p = j
        for(i = j;i < 5;i++)
          if(a[i]< a[p])
   / ********** FOUND ********** /
```

```
          p = j;
          t = a[p];a[p] = a[j];a[j] = t;
        }
    printf("\n 排序后的数据: \n");
    for(i = 0;i < 5;i++) printf(" %4d",a[i]);
    printf("\n");
}
```

4. 功能：计算数组元素中值为正数的平均值（不包括 0）。

```
main()
{ int s[1000];int i = 0;
/ ********** FOUND ********** /
  int    sum = 0.0;
  int c = 0;
  do
  {
    scanf(" %d",&s[i]);
  } while(s[i++] != 0);
  / ********** FOUND ********** /
    while(s[i] = 0)
    {
      if (s[i] > 0)
      {
        sum += s[i];
        c++;
      }
      i++;
    }
  / ********** FOUND ********** /
  sum\ = c;
  / ********** FOUND ********** /
  printf(" %f\n",c);
}
```

【实验指导】

第 1 题：

算法提示：

（1）利用循环结构来判别数组元素，逻辑表达式（a[i]％2＝＝1）判断数组元素是否为奇数。

（2）将是奇数的数组元素进行累加运算：sum＋＝a[i]。

参考代码：

```
# include < stdio.h >
void main()
{ int a[20],i,sum = 0;
```

```
    printf("请输入 20 个整数：\n");
    for(i = 0;i < 20;i++)   scanf("%d",&a[i]);
    for(i = 0;i < 20;i++)
        if(a[i]%2 == 1)  {printf("%3d",a[i]); sum += a[i];}
    printf("\n%d\n", sum);
}
```

第 2 题：

算法提示：

(1) 定义变量 max 存放最大值。

(2) 先假设数组的第一个元素是最大值，放入 max 中，即 max=a[0]。

(3) 通过循环，max 与从 a[1]开始的所有数组元素逐个比较，如果发现比 max 大的元素，就将其值存入 max 中，即 if(a[i]>max)max=a[i]。

(4) 最小值的求法与最大值相同。

(5) 在循环体中，将每个元素加到 sum 中。

(6) 最后，最大值存在 max 中，最小值存在 min 中，平均值 avg=sum/15。

参考代码：

```
#include <stdio.h>
void main()
{ float a[15],max,min,avg,sum; int i;
  printf("请输入 15 个数：\n");
  for(i = 0;i < 15;i++)   scanf("%f",&a[i]);
  max = min = a[0]; sum = a[0];
  for(i = 1;i < 15;i++)
  {
    if(a[i]> max) max = a[i];
    if(a[i]< min) min = a[i];
    sum += a[i];
  }
  avg = sum/15;
  printf("\nmax = %f,min = %f,avg = %f\n", max,min,avg);
}
```

第 3 题：

算法提示：

(1) 将数组元素累加至 sum 中，即 sum+=a[i]，再求平均值 avg=sum/10。

(2) 小于平均值的元素的条件为 a[i]<avg。

参考代码：

```
#include <stdio.h>
void main()
{ int a[10],i,n = 0;
  float sum = 0,avg;
```

```
    printf("请输入 10 个数：\n");
    for(i = 0;i < 10;i++)
    {
        scanf(" % d",&a[i]);
        sum = sum + a[i];
    }
    avg = sum/10;
    for(i = 0;i < 10;i++)
        if(a[i]< avg) { n++;   printf(" % 3d",a[i]);}
    printf("\n % d\n", n);
}
```

第 4 题：

算法提示：

(1) 首先认为数组的第一个元素是最大的，即 max＝a[0]，index＝0。

(2) 利用 for 循环，将从 a[1]开始的所有数组元素与 max 比较。

(3) 循环求得的最大值赋给 max，并同时将最大值数组元素的下标赋给 index，即 if(a[i]＞max){max＝a[i];index＝i;}。

参考代码：

```
# include < stdio.h >
void main()
{   int a[10],i,max,index;
    printf("请输入一个整型数组：\n");
    for(i = 0;i < 10;i++)
        scanf(" % d",&a[i]);
    max = a[0];
    index = 0;
    for(i = 1;i < 10;i++)
        if(a[i]> max)
        {
            max = a[i];
            index = i;
        }
    printf("max = % 3d,index = % 3d\n",max,index);
}
```

第 5 题：

算法提示：

排序是数组算法中比较重要的，包括选择法排序，冒泡法排序等。选择法排序的思想是（由小到大）：先找到数组中元素的最小值，将其与第一个元素互换，再找出第二个元素开始的所有元素中最小的与第二个互换，再找出第三个元素开始的所有元素中最小的与第三个元素互换，以此类推。

例如：有 5 个数据 2 6 7 4 1，按照选择法排序的思想来进行由小到大排序。

2 6 7 4 1

第一轮比较互换后得到数列：1　⬚6⬚　7　4　⬚2⬚
第二轮比较互换后得到数列：1　2　⬚7⬚　⬚4⬚　6
第三轮比较互换后得到数列：1　2　4　⬚7⬚　⬚6⬚
第四轮比较互换后得到数列：1　2　4　6　7

由上面的例子可以看出，5 个数共比较了 4 轮，即 n 个数据只需比较 $n-1$ 轮。

(1) 10 个数共需比较 9 轮，外循环的条件是(i=0;i<9;i++)。

(2) 第 i 轮比较时，将第 i 个元素与后面所有元素比较，即内循环的条件为(j=i+1;j<10;j++)。

(3) 定义 max 来存放每轮比较中最大值的下标，首先假设第 i 个元素最大，即 max=i。

(4) 扫描 i 之后的所有元素，若 a[j]>a[max]大，则将 j 的值赋于 max，即 max=j，直到最后一个数。

(5) 扫描结束后如果 max 不等于 i，则交换 max 与 i 位置上的数。

参考代码：

```c
#include <stdio.h>
void main()
{   int i,j,max,t,a[10];
    printf("请输入 10 个整数：\n");
    for(i=0;i<10;i++)
      scanf("%d",&a[i]);
    for(i=0;i<9;i++)
    {
        max=i;
        for(j=i+1;j<10;j++)
          if(a[max]<a[j])   max=j;
        if(max!=i)
        {
            t=a[i];
            a[i]=a[max];
            a[max]=t;
        }
    }
    for(i=0;i<10;i++) printf("%4d",a[i]);
}
```

第 6 题：

算法提示：

(1) 求出数组中最大数和次最大数。

(2) 将最大数和次最大数分别放到数组的第一位和第二位。

参考代码：

```c
#include <stdio.h>
void main()
```

```
{   int a[10],i,j,t,max;
    printf("请输入一个数组: \n");
    for(i=0;i<10;i++)
        scanf("%d",&a[i]);
    for(i=0;i<2;i++)
    {
        max = i;
        for(j=i+1;j<10;j++)
            if(a[j]>a[max])
                max = j;
        if(max != i)
        {
            t = a[i];
            a[i] = a[max];
            a[max] = t;
        }
    }
    for(i=0;i<10;i++)
        printf("%3d",a[i]);
}
```

第 7 题:

算法提示:

假设数组是由小到大的顺序来排列的:

(1) 先要确定插入的新数 x 在数组中的位置,即确定新数 x 在数组中的下标 k。

(2) 用 x 去跟数组中的元素逐个比较,数组中的某个元素满足 a[k]>x,则 k 为 x 的下标。

(3) 将数组从 a[k]开始的所有元素向后面移动一个位置。

(4) 从最后一个元素开始移动,即执行 for(i=9;i>=k;i−−) a[i+1]=a[i];循环语句。

(5) 将 x 插入数组中,即 a[k]=x;。

参考代码:

```
#include <stdio.h>
void main()
{   int a[11] = {2,5,8,12,14,15,19,21,28,31},x,k,i;
    printf("请输入一个整数: \n");
    scanf("%d",&x);
    for(k=0;k<10;k++)
        if(a[k]>x) break;
    for(i=9;i>=k;i--)
        a[i+1] = a[i];
    a[k] = x;
    for(k=0;k<=10;k++)  printf("%4d",a[k]);
}
```

第 8 题：

算法提示：

（1）本题是双重循环结构，外循环控制遍历数据范围（i=2；i<m；i++），内循环测试数据是否为素数。

（2）判断一个数 i 是否为素数的方法是，在 2～i/2 范围内有没有一个数 j，能整除 i，如果有，说明不是素数，即可提前结束循环，使用 break。

（3）若没有执行 break，则内循环在 j>i/2 时结束。

（4）根据循环变量 j 的取值来判断是否为素数。

（5）将找到的素数存放到数组之中，a[n++]=i。

参考代码：

```
#include<stdio.h>
void main()
{   int i,j,m,n=0,a[100];
    printf("Input a number:\n");
    scanf("%d",&m);
    for(i=2;i<m;i++)
    {
        for(j=2;j<=i/2;j++)
            if(i%j==0) break;
        if(j>i/2) a[n++]=i;
    }
    printf("n=%d\n",n);
    for(i=0;i<n;i++)
     printf("%3d",a[i]);
}
```

第 9 题：

算法提示：

（1）循环 for(i=1；i<=50；i++)控制遍历数据范围。

（2）逻辑表达式(i%7==0 || i%11==0)用来判断数 i 能否被 7 或 11 整除。

（3）其中满足被 7 或 11 整除的数的个数，可以用变量 n 来计数。

参考代码：

```
#include<stdio.h>
void main()
{   int a[50],i,n=0;
    for(i=1;i<=50;i++)
      if(i%7==0 || i%11==0)
      {
          printf("%3d",i);
          a[n++]=i;
      }
    printf("\n%d\n",n);
}
```

第 10 题：

算法提示：

(1) 循环 for(i=100;i<=999;i++) 控制遍历数据范围。

(2) 逻辑表达式 i==(int)sqrt(i)*(int)sqrt(i)，用来判断数 i 是否为完全平方数。

(3) 取出数 i 的个位，g=i%10；取出数 i 的十位，s=i/10%10；取出数 i 的百位，b=i/100。

(4) 判断整数是否有两位数字相同，逻辑表达式(g==s ‖ s==b ‖ g==b)。

参考代码：

```c
#include <stdio.h>
#include <math.h>
void main()
{   int a[20],i,g,s,b,n=0;
    for(i=100;i<=999;i++)
    {
        g=i%10;
        s=i/10%10;
        b=i/100;
        if(i==(int)sqrt(i)*(int)sqrt(i)&&(g==s ‖ s==b ‖ b==g))
            a[n++]=i;
    }
    for(i=0;i<n;i++)
        printf(" %4d",a[i]);
}
```

【练习题参考答案】

一、选择题

1~5 BDDCA   6~10 CCBCB

二、程序填空

1. 【1】0　　　　　　　　【2】x[i]　　　　　　【3】j++
2. 【1】i++　　　　　　　【2】t==a[i]　　　　　【3】a[j++]=t;
3. 【1】sum=sum+x[i]　　【2】avg*100　　　　　【3】avg+0.5
4. 【1】i<10　　　　　　　【2】a[k++]=t;　　　　【3】i<j

三、程序改错

1. 错误：sun=0.0;　　　　　　　　正确：sum=0.0;
   错误：if (i+1%5==0)　　　　　　正确：if ((i+1)%5==0)
2. 错误：if(P==n)　　　　　　　　正确：if(p==n)
   错误：w[i+1]=w[i];　　　　　　 正确：w[i]=w[i+1];
3. 错误：p=j;　　　　　　　　　　正确：p=j;
   错误：p=j;　　　　　　　　　　正确：p=i;

4. 错误：int sum=0.0;   正确：double sum=0.0
   错误：while(s[i]=0)   正确：while(s[i]!=0)
   错误：sum\=c;   正确：sum/=c
   错误：printf("%f\n",c);   正确：printf("%f\n",sum);

实验 6 二维数组与字符数组

【实验目的】

(1) 掌握二维数组的定义、赋值和输入输出的方法。
(2) 掌握字符数组和字符串函数的使用。

【实验内容】

(1) 求一已知 4×4 矩阵的主对角线上各元素的和。
(2) 求一个 4×4 矩阵的四周元素之和。
(3) 有一个 4×4 的矩阵,找出其中最大的元素和最小的元素,并将它们互换。
(4) 从键盘输入一个 3×3 的二维数组 a,将数组右上三角元素中的值乘以 m,m 的值从键盘输入。
(5) 从键盘上输入一个 4×4 数组,将数组左下三角元素中的值全部置为 0。
(6) 从键盘输入一个 3 行 4 列的二维数组,求出二维数组每列中最小的元素,并依次存入一维数组 t 中。
(7) 编程实现将一个字符串 s 中所有的字符'*'删除。
(8) 将字符串 s 中所有下标为奇数位置上的字母转换为大写(若该位置上不是字母,则不转换)。例如:若输入 ab3DeFg,则应输出 aB3DeFg。
(9) 将字符串 s 中除了下标为偶数、同时 ASCII 值是偶数的字符外,其余的全都删除;串中剩余字符形成一个新字符串 t。(字符串 s 的内容从键盘输入)。例如:字符串 s 的内容为 BCDEF12345,新字符串 t 的内容应为 BDF24。
(10) 将 3 行 4 列的二维数组中的字符数据,按列的顺序依次放到一个字符串 t 中。

【练习题】

一、选择题

1. 正确的数组定义语句是( )。
  A) int a(2,3);   B) int a[2][]={1,2,3,4};
  C) int a[2][3]={{},{1,2,3},{8}};   D) int a[][4]={1,2,3,4,5,6};

2. 以下不能正确定义二维数组的选项是（   ）。
   A) int a[2][2]={{1},{2}};
   B) int a[][2]={1,2,3,4};
   C) int a[2][2]={{1},2,3};
   D) int a[2][]={{1,2},{3,4}};

3. 若有说明：int a[][2]={1,2,3,4,5,6};则 a 数组第一维的大小是（   ）。
   A) 2   B) 3   C) 4   D) 无确定值

4. 如有定义：char a[10],b[10];则以下正确的输入格式是（   ）。
   A) gets(a,b);
   B) scanf("%s%s",a,b);
   C) scanf("%s%s",&a,&b);
   D) gets("a"),gets("b");

5. 下面是有关 C 语言字符数组的描述，其中错误的是（   ）。
   A) 不可以用赋值语句给字符数组名赋字符串
   B) 可以用输入语句把字符串整体输入给字符数组
   C) 字符数组中的内容不一定是字符串
   D) 字符数组只能存放字符串

6. 以下程序执行后的结果是（   ）。

```
main()
{ char s[ ] = "abcde";
  s += 2;
  printf("%d\n",s[0]);
}
```

   A) 输出字符 a 的 ASCII 码
   B) 输出字符 c 的 ASCII 码
   C) 输出字符 c
   D) 程序出错

7. 以下程序若运行时输入：２４６＜回车＞，则输出结果为（   ）。

```
main()
{ int x[3][2]={0},i;
  for(i=0;i<3;i++) scanf("%d",x[i]);
  printf("%3d%3d%3d\n",x[0][0],x[0][1],x[1][0]);
}
```

   A) ２ ０ ０   B) ２ ０ ４   C) ２ ４ ０   D) ２ ４ ６

8. 以下能正确定义字符串的语句是（   ）。
   A) char str[]={'\064'};
   B) char str="\x43";
   C) char str='';
   D) char str[]="\0";

9. 以下程序执行后的输出结果是（   ）。

```
main()
{   int i,t[][3]={9,8,7,6,5,4,3,2,1};
    for(i=0;i<3;i++)  printf("%d",t[2-i][i]);
}
```

   A) ７ ５ ３   B) ３ ５ ７   C) ３ ６ ９   D) ７ ５ １

10. 有定义语句：int b;char c[10];,则正确的输入语句是（   ）。
    A) scanf("%d%s",&b,&c);
    B) scanf("%d%s",&b,c);

C) scanf("%d%s",b,c);   D) scanf("%d%s",b,&c);

二、程序填空

1. 功能：将字符串 s 中所有 ASCII 值小于 97 的字符存入字符数组 t 中，形成一个新串，并统计出符合条件的字符个数。

```c
#include <stdio.h>
void main()
{   char s[81],t[81];int n=0,i=0;
    printf("\nEnter a String:\n");gets(s);
    while(s[i])
    {
        if (s[i]<97)
        {
            /*********** SPACE *********** /
            t[n] = 【1】;n++;
        }
    /*********** SPACE *********** /
    【2】
    }
    /*********** SPACE *********** /
    t[n] = 【3】;
    printf("\n字符串 s 中有%d 个 ASCII 值小于 97 的字符为:%s\n",n,t);
}
```

2. 功能：将 4×4 矩阵中元素的值按列右移一个位置，右边被移出的元素绕回左边。

```c
#include <stdio.h>
void main()
{
    int t[][4] = {1,2,3,4,5,6,7,8,9,10,11,12,13,14,15,16};
    int i,j,x;
    printf("\nThe original array:\n");
    for(i=0;i<4;i++)
    {
        for(j=0;j<4;j++)
            printf("%4d",t[i][j]);
        printf("\n");
    }
    /*********** SPACE *********** /
    for(i=0;i<【1】;i++)
    {
        /*********** SPACE *********** /
        x = t[i][【2】];
        for(j=3;j>=1;j--)
            t[i][j] = t[i][j-1];
        /*********** SPACE *********** /
        t[i][【3】] = x;
    }
    printf("\nThe result array:\n");
    for(i=0;i<4;i++)
```

```
        {
          for(j = 0;j < 4;j++)
             printf(" % 4d",t[i][j]);
          printf("\n");
        }
}
```

3. 功能：有 4×4 矩阵，以主对角线为对称线，对称元素相加并将结果存放在左下三角元素中，右上三角元素置为 0。

```
# include < stdio. h >
void main()
{ int t[][4] = {1,2,3,4,5,6,7,8,9,10,11,12,13,14,15,16};
    int i,j;
    printf("\nThe original array:\n");
    for(i = 0;i < 4;i++)
    {
    for(j = 0;j < 4;j++)
       printf(" % 4d",t[i][j]);
     printf("\n");
    }
    for(i = 1;i < 4;i++)
    {
    / *********** SPACE *********** /
    for(j = 0; 【1】;j++)
    {
    / *********** SPACE *********** /
      【2】 = t[i][j] + t[j][i];
    / *********** SPACE *********** /
      【3】 = 0;
    }
  }
    printf("\nThe result array:\n");
    for(i = 0;i < 4;i++)
    {
       for(j = 0;j < 4;j++)
          printf(" % 4d",t[i][j]);
       printf("\n");
    }
}
```

4. 功能：把由数字字符组成的字符串转换成一个无符号长整型数，并且倒序输出。

```
# include < stdio. h >
# include < string. h >
void main()
{
    char str[8];
    unsigned long t = 0;
    int k,i;
    printf("Enter a string('0'~'9'):\n");
```

```
        gets(str);
        printf("The string is:% s\n",str);
        i = strlen(str);
        if(i>8)
          printf("The string is too long! ");
        else
        {
        / *********** SPACE *********** /
            for(【1】;i>=0;i++)
            {
            / *********** SPACE *********** /
                k =【2】;
            / *********** SPACE *********** /
                t =【3】;
            }
            printf("The result:% lu\n",t);
        }
    }
```

三、程序改错

1. 功能：依次取出字符串中所有数字字符，形成新的字符串，并取代原字符串。

```
# include <stdio.h>
void main()
{   char s[80];int i,j;
    printf("\nEnter a string: ");gets(s);
    printf("\nThe string is:\" % s\"\n",s);
    for(i = 0,j = 0;s[i]!= '\0';i++)
       if(s[i]>= '0'&&s[i]<= '9')
       / ********** FOUND ********** /
          s[j] = s[i];
    / ********** FOUND ********** /
    s[j] = "\0";
    printf("\nThe String of changing is:\" % s\"\n",s);
}
```

2. 功能：将字符串 s 的反序和正序进行连接形成一个新串放在数组 t 中。例如，当字符串 s 的内容为"ABCD"时，数组 t 中的内容为"DCBAABCD"。

```
# include <conio.h>
# include <stdio.h>
# include <string.h>
# include <stdlib.h>
void main()
{ char s[100],t[100];
  system("cls");
  printf("\nPlease enter string s:");scanf(" % s",s);
  {
  / ********** FOUND ********** /
    int i;
    sl = strlen(s);
```

```
        for (i = 0;i < sl;i++)
    / ********** FOUND ********** /
        t[i] = s[sl - i];
        for (i = 0;i < sl;i++)
        t[sl + i] = s[i];
        t[2 * sl] = '\0';
    }
    printf("The result is: % s\n",t);
}
```

3. 功能：将字符串 s 中位于奇数位置的字符或 ASCII 码为偶数的字符放入字符串 t 中（规定第一个字符放在第 0 位中）。例如，字符串中的数据为 AABBCCDDEEFF，则输出应当是 ABBCDDEFF。

```
# include < conio. h >
# include < stdio. h >
# include < string. h >
# include < stdlib. h >
void main()
{ char  s[80], t[80];
  int   i, j = 0,l = strlen(s);
  system("cls");
  printf("\nPlease enter string s : "); gets(s);
  for(i = 0; i < l; i++)
  / ********** FOUND ********** /
  if(i % 2 && s[i] % 2 == 0)
    t[j++] = s[i];
  / ********** FOUND ********** /
  t[i] = '\0';
  printf("\nThe result is : % s\n",t);
}
```

4. 功能：将 4×4 矩阵主对角线元素中的值与反向对角线对应位置上元素中的值进行交换。

```
# include < stdio. h >
# include < string. h >
void main()
{   int t[][4] = {1,2,3,4,5,6,7,8,9,10,11,12,13,14,15,16};
    int i,j,x;
    printf("\nThe original array:\n");
    for(i = 0;i < 4;i++)
    { for(j = 0;j < 4;j++)
        printf(" % 4d",t[i][j]);
        printf("\n");
    }
    / ********** FOUND ********** /
    for(i = 0;i > 4;i++)
    { x = t[i][i];
    / ********** FOUND ********** /
      t[i][4 - i - 1] = t[i][i];
```

```
            t[i][4-i-1] = x;
        }
    printf("\nThe original array:\n");
    for(i = 0;i < 4;i++)
    { for(j = 0;j < 4;j++)
         printf("%4d",t[i][j]);
      printf("\n");
    }
}
```

【实验指导】

第 1 题：

算法提示：

（1）定义一个 4×4 的二维数组并初始化，同时定义求累加和的变量 sum＝0。

（2）输出二维数组。

（3）对主对角线元素求和。主对角线元素特点：行下标和列下标相等。

参考代码：

```
# include < stdio.h >
void main()
{
int a[4][4] = {{1,2,3,4},{5,6,7,8},{9,10,11,12},{13,14,15,16}};
        int sum = 0, i, j;
        for(i = 0;i < 4;i++)
        { for(j = 0;j < 4;j++)
             printf("%4d",a[i][j]);
          printf("\n");
        }
        for(i = 0;i < 4;i++)
            sum = sum + a[i][i];
        printf("\n%d\n",sum);
}
```

第 2 题：

算法提示：

（1）定义求累加和的变量 sum＝0。

（2）一个 4×4 矩阵四周元素的特点是行下标为 0 或 3，列下标也为 0 或 3，即符合 i＝＝0‖j＝＝0‖i＝＝3‖j＝＝3 条件。

（3）将符合条件的元素累加，sum＝sum＋a[i][j]。

参考代码：

```
# include < stdio.h >
void main()
```

```
{   int sum = 0,i,j;
    int a[4][4] = {1,2,3,4,5,6,7,8,9,10,11,12,13,14,15,16};
    for(i = 0;i <= 3;i++)
        for(j = 0;j <= 3;j++)
            if(i == 0 || j == 0 || i == 3 || j == 3)
                sum = sum + a[i][j];
    printf("%4d",sum);
}
```

第 3 题：

算法提示：

(1) 定义变量 max 存放最大值，定义变量 m1,m2 存放最大值的行下标和列下标。

(2) 将第一个元素假设为最大，先存入 max 中，即 max=min=a[0][0]，m1=m2=0。

(3) 用 max 去跟后面的所有元素比较，若某一个 a[i][j]>max，则 max=a[i][j]，m1=i,m2=j。

(4) 用同样的方法求得最小值 min 以及最小值元素的下标 n1,n2。

(5) 将最大值与最小值互换，即 a[m1][m2]=min,a[n1][n2]=max。

参考代码：

```
#include <stdio.h>
void main()
{   int i,j,max,min,m1,m2,n1,n2;
    int a[4][4] = {1,2,3,4,5,6,7,8,9,10,11,12,13,14,15,16};
    max = min = a[0][0];    m1 = m2 = n1 = n2 = 0;
    for(i = 0;i <= 3;i++)
        for(j = 0;j <= 3;j++)
        {   if(a[i][j]>max) {max = a[i][j];m1 = i;m2 = j;}
            if(a[i][j]<min) {min = a[i][j];n1 = i;n2 = j;}
        }
    a[m1][m2] = min;    a[n1][n2] = max;
    for(i = 0;i <= 3;i++)
    {   for(j = 0;j <= 3;j++)
            printf("%4d",a[i][j]);
        printf("\n");
    }
}
```

第 4 题：

算法提示：

(1) 右上三角元素的特点：列下标大于等于行下标。

(2) 对满足条件的元素，逐个乘以 m。

参考代码：

```
#include <stdio.h>
void main()
```

```
{   int a[3][3],i,j,m;
    printf("Input a 3×3 arrary:\n");
    for(i = 0;i < 3;i++)
        for(j = 0;j < 3;j++)
            scanf("%d",&a[i][j]);
    printf("Input m:\n");
    scanf("%d",&m);
    for(i = 0;i < 3;i++)
        for(j = i;j < 3;j++)
            a[i][j] *= m;
    for(i = 0;i < 3;i++)
    {   for(j = 0;j < 3;j++)
            printf("%3d",a[i][j]);
        printf("\n");
    }
}
```

第 5 题:

算法提示:

(1) 左下三角元素的特点:行下标大于等于列下标;

(2) 对满足条件的元素,逐个赋值为 0。

参考代码:

```
#include <stdio.h>
void main()
{   int a[4][4],i,j;
    printf("Input a 4*4 arrary:\n");
    for(i = 0;i < 4;i++)
        for(j = 0;j < 4;j++)
            scanf("%d",&a[i][j]);
    for(i = 0;i < 4;i++)
        for(j = 0;j <= i;j++)
            a[i][j] = 0;
    for(i = 0;i < 4;i++)
    {   for(j = 0;j < 4;j++)
            printf("%3d",a[i][j]);
        printf("\n");
    }
}
```

第 6 题:

算法提示:

(1) 本题采用双重循环。外循环 for(j=0;j<4;j++)控制遍历二维数组所有列。

(2) 内层循环求出每一列元素的最小值。

(3) 将选出的最小值依次放到一维数组中。

参考代码:

```
#include<stdio.h>
void main()
{ int a[3][4],b[4],i,j,min,k=0;
  for(i=0;i<3;i++)
     for(j=0;j<4;j++)
        scanf("%d",&a[i][j]);
  for(j=0;j<4;j++)
  { min=a[0][j];
    for(i=1;i<3;i++)
    { if(a[i][j]<min)
        min=a[i][j];
    }
    b[k++]=min;
  }
  for(i=0;i<4;i++)
     printf("%3d",b[i]);
}
```

第 7 题：

算法提示：

(1) 将'*'删除,就是将'*'后面的元素向前移动一个位置,将'*'覆盖掉。

(2) 定义循环变量 i 来记录原字符串的下标,定义变量 j 来记录去掉'*'后的字符串的下标。

(3) 用循环变量 i 来遍历数组中的字符。

(4) 若字符不是'*',则将其存入由 j 记录的数组元素下标的位置,即 if(s[i]!='*') s[j++]=s[i]。

(5) 最后在去掉'*'的字符串末尾加上字符串结束标志'\0',即 s[j]='\0'。

参考代码：

```
#include<stdio.h>
void main()
{ char s[80]; int i,j;
  printf("请输入一个字符串: \n");
  gets(s);
  for(i=j=0;s[i]!='\0';i++)
    if(s[i]!='*') s[j++]=s[i];
  s[j]='\0';
  printf("原字符串删除'*'后为: \n");
  puts(s);
}
```

第 8 题：

算法提示：

(1) 循环 for(i=1;i<strlen(s);i+=2)中循环变量 i 控制字符串下标变化为奇数。

(2) 逻辑表达式(s[i]>='a'&&s[i]<='z'),判断奇数位置的字符是否为小写字母。

(3) 小写字母转换成大写字母,s[i]-=32。

参考代码:

```
# include < stdio.h >
# include < string.h >
void main()
{   char s[80];
    int i;
    printf("Input a string:\n");
    gets(s);
    for(i = 1;i < strlen(s);i += 2)
        if(s[i] >= 'a'&&s[i] <= 'z')
            s[i] -= 32;
    puts(s);
}
```

第 9 题:

算法提示:

(1) 判断一个字符串中的某一字符下标 i 是否为偶数,可用 i%2==0 来判断;也可从下标 0 开始,每次增 2。

(2) 逻辑表达式 s[i]%2==0,判断字符的 ASCII 值是否为偶数。

(3) 对字符串 s 中满足条件的字符就顺序存放在新串 t 中,否则就不存。

(4) 所有字符处理完成后,在新串 t 的末尾加上结束符'\0'。

参考代码:

```
# include < stdio.h >
# include < string.h >
void main()
{   char s[80],t[40];
    int i,k = 0;
    printf("Input a string:\n");
    gets(s);
    for(i = 0;i < strlen(s);i += 2)
        if(s[i] % 2 == 0)   t[k++] = s[i];
    t[k] = '\0';
    puts(t);
}
```

第 10 题:

算法提示:

(1) 双重循环控制二维数组下标变化。

(2) 外层循环 for(j=0;j<4;j++)控制列下标变化。

(3) 内层循环 for(i=0;i<3;i++)控制行下标变化。

(4) 循环体,将字符存到字符串 t 中。

(5) 所有字符处理完成后,在新串 t 的末尾加上结束符'\0'。

参考代码：

```
# include <stdio.h>
void main()
{   char a[3][4] = {'w','w','w','w','h','h','h','h','o','o','o','o'},t[13];
    int i,j,k = 0;
    for(j = 0;j < 4;j++)
        for(i = 0;i < 3;i++)
            t[k++] = a[i][j];
    t[k] = '\0';
    printf("%s\n",t);
}
```

【练习题参考答案】

一、选择题
1～5 DDBBD　　　　6～10 DBDBB

二、程序填空
1. 【1】s[i]　　　　【2】i++;　　　　【3】'\0'或 0
2. 【1】4　　　　　【2】3　　　　　【3】0
3. 【1】j<i　　　　【2】t[i][j]　　　　【3】t[j][i]
4. 【1】--i　　　　【2】str[i]-'0'　　【3】t*10+k

三、程序改错
1. 错误：s[j] = s[i];　　　　　　　正确：s[j++] = s[i];
   错误：s[j] = "\0";　　　　　　　正确：s[j] = '\0';
2. 错误：int i;　　　　　　　　　　正确：int i,sl;
   错误：t[i] = s[sl-i];　　　　　　正确：t[i] = s[sl-i-1];
3. 错误：if(i%2 && s[i]%2==0)　　正确：if(i%2 || s[i]%2==0)
   错误：t[i] = '\0';　　　　　　　　正确：t[j] = '\0';
4. 错误：for(i=0;i>4;i++)　　　　　正确：for(i=0;i<4;i++)
   错误：t[i][4-i-1]=t[i][i];　　　　正确：t[i][i]=t[4-i-1];

【拓展训练】

平分七篮桃子。

甲、乙、丙三个猴子去摘桃，它们带了 21 个篮子。当晚回来时，它们发现有 7 篮装满了桃子，还有 7 篮装了半篮桃子，另外 7 篮则是空的。它们通过目测认为 7 个满篮桃子的重量是相等的，7 个半篮桃子的重量是相等的。在不将桃子倒出来的前提下，怎样将桃子和篮子平分为三份。

1. 问题分析与算法设计

根据题意可以知道：每个猴子应分得 7 个篮子，其中有 3.5 篮桃子。采用一个 3×3 的数组 a 来表示三个猴子分到的东西。其中每个猴子对应数组 a 的一行，数组的第 0 列存放

分到的桃子的整篮数,数组的第一列存放分到的半篮数,数组的第二列存放分到的空篮数。由题目可以推出:

(1) 数组的每行或每列的元素之和都为 7;
(2) 对数组的行来说,满篮数加半篮数等于 3.5;
(3) 每个猴子所得的满篮数不能超过 3 篮;
(4) 每个猴子都必须至少有 1 个半篮,且半篮数一定为奇数。

对于找到的某种分桃子方案,三个猴子谁拿到哪一份都是相同的,为了避免出现重复的分配方案,可以规定:第二个猴子的满篮数等于第一个猴子的满篮数;第二个猴子的半篮数大于第一个猴子的半篮数。

程序流程如下:
(1) 定义变量并初始化。
(2) 用试探法寻找方案。
(3) 将最后的方案输出。
(4) 结束程序。

其中第二步的程序流程如下:
(1) 判断猴子的篮子是否满篮及其满篮数,若满篮则转第(2)步,否则输出结果。
(2) 判断三个猴子是否都判断完,如果都判断完则转第(2)步,否则转第(1)步。
(3) 判断后一个猴子的满篮数是否比前一个的多,若是则转第(4)步,否则计算空篮数。
(4) 试探半篮数。
(5) 结束程序。

2. 程序代码与程序注释

```
#include<stdio.h>
int monkey[3][3],count;
void main()
{ int i,j,k,m,n,flag;
  printf("可能的分配方案\n");
  for(i=0;i<=3;i++)
      /*试探第一个猴子满篮 a[0][0]的值,满篮数不能超过 3*/
  {monkey[0][0] = i;
      for(j=i;j<=7-i&&j<=3;j++)
  /*试探第二个猴子满篮 a[1][0]的值,满篮数不能超过 3*/
      {monkey[1][0] = j;
          if((monkey[2][0]=7-j-monkey[0][0])>3)continue;
  /*第三个猴子满篮数不能超过 3*/
          if(monkey[2][0]<monkey[1][0])break;
  /*要求后一个猴子分的满篮数大于等于前一个猴子的数,排除重复情况*/
          for(k=1;k<=5;k+=2)
  /*试探半篮 a[0][1]的值,半篮数为奇数*/
              {monkey[0][1] = k;
                  for(m=1;m<=7-k;m+=2)
  /*试探半篮 a[1][1]的值,半篮数为奇数*/
                      {monkey[1][1] = m;
```

```
                monkey[2][1] = 7 - k - m;
                for(flag = 1,n = 0;flag&&n < 3;n++)
/*判断每个猴子分到的桃子是3.5篮,flag为满足题意的标记变量*/
if(monkey[n][0] + monkey[n][1]< 7&&monkey[n][0] * 2 + monkey[n][1] == 7)
        monkey[n][2] = 7 - monkey[n][0] - monkey[n][1];
/*计算应得的空篮数*/
else flag = 0; /*不符合题意则置标记为0*/
    if(flag)
    { printf("NO. %d  满篮子桃 半篮子桃 空篮子\n",++count);
      for(n = 0;n < 3;n++)
      printf("猴子%c分到的篮子是:%d %d %d\n",'A' + n,monkey[n][0],monkey[n][1],
monkey[n][2]);}}}}}}
```

3. 运行结果

可能的分配方案
NO.1   满篮子桃 半篮子桃 空篮子
猴子A分到的篮子是:1   5   1
猴子B分到的篮子是:3   1   3
猴子C分到的篮子是:3   1   3
NO.2   满篮子桃 半篮子桃 空篮子
猴子A分到的篮子是:2   3   2
猴子B分到的篮子是:2   3   2
猴子C分到的篮子是:3   1   3

实验 7 函数程序设计

【实验目的】

(1) 掌握函数的定义方法。
(2) 掌握函数的调用方法。
(3) 掌握参数的"值传递"。

【实验内容】

(1) 编写函数判断一个数是否为奇数,调用此函数判断由主函数输入的 10 个数是否是奇数,并求这些奇数的和。

(2) 编写函数判断一个数是否能被 3 整除但不能被 5 整除,在主函数中调用此函数输出 500 至 1000 之间所有符合此条件的数。

(3) 编写函数判断一个数是否是素数,调用此函数输出 100~200 的所有素数。

(4) 编写一函数,求两个正整数间所有数的和(包括这两个数),调用此函数求 $m=1+(1+2)+(1+2+3)+\cdots+(1+2+3+\cdots+n)$ 的值,n 的值由键盘输入。

(5) 编写一个函数,判断一个三位数是否是水仙花数,调用此函数,输出所有的水仙花数(各个位上的数字立方和等于该数本身的三位正整数为水仙花数)。

(6) 求一元二次方程 $ax^2+bx+c=0$ 的根,编写三个函数分别求 $d(d=b^2-4ac)$ 大于零、等于零和小于零时根的情况,要求在主函数中输入 a,b,c 的值。

(7) 编写函数 k(int a,int n)求 $aa\cdots a$(n 个 a)的值,如 $k(2,4)$ 的值为 2222,调用函数求 $s_n=a+aa+aaa+\cdots+aa\cdots a$,$a$ 和 n 为正整数。

(8) 编写一个函数,输入一个八进制数,转换成十进制数。

(9) 编程计算 $p=\dfrac{m!}{(m+n)!n!}$,用函数实现求 $n!$。

(10) 求 $s=\sum\limits_{1}^{100}k+\sum\limits_{1}^{50}k^2$,用两个函数实现求 k 和 k^2 的和。

【练习题】

一、选择题

1. 下列叙述中正确的是（　　）。
   A）C 语言编译时不检查语法
   B）C 语言的子程序有过程和函数两种
   C）C 语言的函数可以嵌套定义
   D）C 语言中,根据函数能否被其他源文件调用,被区分为内部函数和外部函数

2. 以下正确的描述是（　　）。
   A）定义函数时,同类型的形参可以一起说明
   B）return 后边的值不能为表达式
   C）如果函数值的类型与返回值类型不一致,以函数值类型为准
   D）如果形参与实参的类型不一致,以实参类型为准

3. 关于函数声明下列说法中错误的描述是（　　）。
   A）若被调函数的返回值是整型或字符型,可以不必进行声明
   B）若被调函数的定义出现在主调函数之前,必需加以声明
   C）若在所有函数定义之前,在文件的开头声明了函数类型,则在各个函数中不必对所调用的函数再作类型声明
   D）对库函数的调用不需要做声明,但必须把该函数的头文件用 include 包含在源文件前部

4. 关于实参与形参的特点,下列描述错误的是（　　）。
   A）形参变量只有函数在被调用时才分配内存单元,在调用结束后,形参所占的内存单元即被释放
   B）定义函数时,必须指定形参的类型,但多个参数是同一类型可以一起说明
   C）实参可以是常量、变量或表达式,但要求它们有确定的值。在函数调用时将实参的值赋给形参变量
   D）实参与形参的类型应相同或赋值兼容

5. 函数返回值的类型是由（　　）决定的。
   A）return 语句中的表达式类型
   B）调用该函数时的主调函数类型
   C）调用该函数时系统临时
   D）在定义该函数时所指定的函数类型

6. 以下关于函数的叙述中正确的是（　　）。
   A）每个函数都可以被其他函数调用（包括 main 函数）
   B）每个函数都可以被单独编译
   C）每个函数都可以单独运行
   D）在一个函数内部可以定义另一个函数

7. 有下面函数 fun 的定义,则正确调用函数 fun 的语句是(　　)。

void fun(char ch, float x) { … }

  A) fun("abc",3.0)   B) t=fun("D",16.5)
  C) fun('65',2.8)   D) fun(32,32.0);

8. 有以下程序,若运行时输入:1234＜回车＞,程序的输出结果是(　　)。

```
int sub(int n) { return (n/10); }
main()
{ int x,y;
  scanf("%d",&x);
  y=sub(sub(sub(x)));
  printf("%d\n",y);
}
```

  A) 1   B) 12   C) 123   D) 1234

9. 以下程序运行后的输出结果是(　　)。

```
int f1(int x,int y){return x>y?x:y;}
int f2(int x,int y){return x>y?y:x;}
main()
{ int a=4,b=3,c=5,d=2,e,f,g;
  e=f2(f1(a,b),f1(c,d)); f=f1(f2(a,b),f2(c,d));
  g=a+b+c+d-e-f;
  printf("%d,%d,%d\n",e,f,g);
}
```

  A) 4,3,7   B) 3,4,7   C) 5,2,7   D) 2,5,7

10. 以下程序执行后变量 w 的值是(　　)。

```
double fun1(double a){return a*=a;}
double fun2(double x,double y)
{ double a=0,b=0;
  a=fun1(x);b=fun1(y);return(int)(a+b);}
main()
{ double w;
  w=fun2(1.1,2.0);
  … …
}
```

  A) 5.21   B) 5   C) 5.0   D) 0.0

二、程序填空

1. 功能:求 100 以内偶数之和。

```
#include<stdio.h>
/ *********** SPACE *********** /
int even(【1】)
{
/ *********** SPACE *********** /
if(【2】)    x=0;
```

```
      return x;
}
void main()
{  int i,s = 0;
   for(i = 1;i < 100;i++)
   /*********** SPACE *********** /
     s = s + even(【3】);
   /*********** SPACE *********** /
   printf("s =【4】\n",s);
}
```

2. 功能：求 3~100 的所有素数和。

```
#include <stdio.h>
/*********** SPACE *********** /
int 【1】;
void main()
{  int k,sum = 0;
/*********** SPACE *********** /
   for(k =【2】;k < 100;k = k + 2)
/*********** SPACE *********** /
     sum +=【3】;
   printf("sum = %d\n",sum);
}
int fun(int a)
{  int k;
   for(k = 2;k <= a/2;k++)
/*********** SPACE *********** /
     if(a%k == 0) {【4】;break;}
   return a;
}
```

3. 功能：求三个数的最大值。

```
#include <stdio.h>
/*********** SPACE *********** /
int max(【1】)
{  if(x >= y) return x;
   else
/*********** SPACE *********** /
   【2】;
}
void main()
{  int a,b,c;
   printf("请输入三个数：");
   scanf("%d,%d,%d",&a,&b,&c);
   /*********** SPACE *********** /
   printf("\nmax = %d\n",max(【3】,c));
}
```

4. 功能：函数 fun 的功能是计算 x^n，在主函数中调用 fun 函数计算：$m = a^4 + b^4 - (a+b)^3$。

```
double fun(double x, int n)
{ int i; double y = 1;
  /*********** SPACE ***********/
  for(i = 1; i <= 【1】; i++)
  /*********** SPACE ***********/
  【2】;
  return y;
}
main()
{ double a = 2.0, b = 3.0, m;
  /*********** SPACE ***********/
  m = fun(a,4) + fun(b,4) - 【3】;
  printf("%f",m);
}
```

三、程序改错

1. 功能：求出两个非零正整数的最大公约数，并作为函数值返回。例如：若给 num1 和 num2 分别输入 56 和 21，则输出的最大公约数为 7。

```
int fun(int a, int b)
{ int r, t;
  if(a < b)
  { t = a;
    a = b;
    /********** FOUND **********/
    a = t;
  }
  r = a % b;
  while(r != 0)
  { a = b;
    b = r;
    /********** FOUND **********/
    r = a/b;
  }
  /********** FOUND **********/
  return a;
}
main()
{ int num1, num2, a;
  /********** FOUND **********/
  scanf("%d%d", num1, num2);
  a = fun(num1, num2);
  printf("最大公约数: %d\n", a);
}
```

2. 功能：根据整型形参 m，计算以下公式的值：$y = 1 - 1/3 + 1/5 - 1/7 + \cdots + 1/(2m-3)$。

```
double fun(int m)
{ /********** FOUND **********/
  double f = 0;
  double y = 1;
```

```
    int i;
    /********** FOUND **********/
    for(i = 1; i < m; i++)
      { f = - f;
    /********** FOUND **********/
        y += f/(2i - 3);
        }
    return(y); }
main()
{ int n;
  scanf("%d", &n);
  printf("%1f\n", fun(n));
}
```

3. 功能：计算正整数 num 各位上的数字之和。

```
long fun(long num)
{ /********** FOUND **********/
  long k = 1;
  do
  { k += num % 10;
    /********** FOUND **********/
    num\ = 10;
    /********** FOUND **********/
  }while(!num);
  return (k); }
main()
{ long n;
  printf("Please enter a number:");
  scanf("%ld", &n);
  printf("\n%ld\n", fun(n)); }
```

4. 功能：输出所有的水仙花数。

```
int fun(int n)
{ int i,j,k,m;
  m = n;
  k = 0;
  for(i = 1; i < 4; i++)
  {
/********** FOUND **********/
     j = m/10;
     m = (m - j)/10;
/********** FOUND **********/
     k = j*j*j;
  }
  if(k == n)
    return(1);
  else
    return(0); }
main()
{ int i;
```

```
    for(i = 100;i < 1000;i++)
    /********** FOUND **********/
      if(fun(i) = 1)
        printf("%d is ok!\n",i);
}
```

【实验指导】

第 1 题：
算法提示：
(1) 定义函数 is(int a)，判断 a 与 2 取余是否等于 0。
(2) 循环调用 is 函数，判断输入的数是否是奇数，若是求和。
参考代码：

```
#include <stdio.h>
int is(int a)
{  int  k = 0;
   if(a % 2 != 0)
     k = 1;
   return  k;
}
void main()
{  int k,n,s = 0;
   printf("请输入 n 的值：");
   for(k = 1;k <= 10;k++)
     {
       scanf("%d",&n);
       if(is(n))
         s = s + n;
     }
   printf("\n s = %d\n",s);
}
```

第 2 题：
算法提示：
(1) 判断 500 至 1000 之间符合条件的数，调用的函数 pd 应放在循环之中。
(2) 被 3 但不能被 5 整除的条件为($x\%3==0\&\&x\%5!=0$)。
(3) 在函数 pd 中，判断数据如果符合条件，则令返回值 k=1，否则 k=0。
(4) 在主调函数中，根据返回值是 0 或 1 来判别此数是否输出。
参考代码：

```
#include <stdio.h>
void main()
{  int pd(int x);
   int i;
   for(i = 500;i <= 1000;i++)
```

```
    if(pd(i) == 1)
       printf("%6d",i);
}
int pd(int x)
{  int k;
   if (x%3 == 0&&x%5 != 0)
      k = 1;
   else
      k = 0;
   return k;
}
```

第 3 题：

算法提示：

(1) 输出 100 至 200 间的素数，所以函数的调用应放在循环中；

(2) 被调函数 ss 中，要判断 m 是否为素数；若是素数，则返回值 $t1=1$，否则 $t1=0$；

(3) 主函数中若返回值为 1，证明是素数，则输出。

参考代码：

```
#include <stdio.h>
#include <math.h>
ss(int m)
{  int i,t1 = 0,q;
   q = sqrt(m);
   for(i = 2;i <= q;i++)
      if(m%i == 0) break;
   if(i >= q+1)
      t1 = 1;
   return(t1);
}
void main()
{  int i,t = 0;
   for(i = 100;i <= 200;i++)
   {
      t = ss(i);
      if(t == 1)
         printf("%4d",i); }
}
```

第 4 题：

算法提示：

(1) 函数 sum 求 $a+(a+1)+\cdots+b$ 的值。

(2) 主函数调用 sum 求累加和。

参考代码：

```
#include <stdio.h>
int sum(int a,int b)
```

```
{ int  k,s = 0;
  for(k = a;k <= b;k++)
    s += k;
  return  s;
}
void main()
{
  int k,n,s = 0;
  printf("请输入 n 的值:");
  scanf(" % d", &n);
  for(k = 1;k <= n;k++)
    s = s + sum(1,k);
  printf("\n s = % d\n",s);
}
```

第 5 题：

算法提示：

(1) 水仙花数是一个三位数，它各个位上数字的立方和等于这个数本身。

(2) 用 fun() 判断一个数是否是水仙花数。

(3) 因为是三位数，所以主函数的循环为 100～999。

参考代码：

```
# include < stdio.h >
int fun(int n)
{ int i,j,k,m;
  i = n % 10;
  j = n/10 % 10;
  m = n/100;
  k = i * i * i + j * j * j + m * m * m;
  if(k == n)
    return(1);
  else
    return(0);
}
main()
{ int i;
  for(i = 100;i < 1000;i++)
    if(fun(i) == 1)
      printf(" % d is ok!\n" ,i);
}
```

第 6 题：

算法提示：

(1) 一元二次方程的根，根据 $b^2 - 4ac$ 的不同取值范围分三种情况：两个不等的实根，两个相等的实根，两个虚根。

(2) 定义三个函数，分别计算上述三种情况。

(3) 主函数中根据判断调用这三个函数,实现求解。

参考代码:

```c
#include <math.h>
#include <stdio.h>
void dayu(double p,double q)
{ double x1,x2;
  x1 = p + q;
  x2 = p - q;
  printf("\nx1 = %4.2f,x2 = %4.2f\n",x1,x2);
}
void dengyu(double p)
{
  printf("\nx1 = %4.2f,x2 = %4.2f\n",p,p);
}
void xiaoyu(double p,double q)
{
  printf("\nx1 = %4.2f + %4.2fi,x2 = %4.2f - %4.2fi\n",p,q,p,q);
}
main()
{ int a,b,c;
  double p,q,d;
  scanf("%d%d%d",&a,&b,&c);
  p = -b/(2.0*a);
  d = b*b - 4*a*c;
  if(d>0)
    {q = sqrt(d)/(2*a);
     dayu(p,q);}
  else if(d == 0)
    { dengyu(p);}
  else
    { q = sqrt(-d)/(2*a);
      xiaoyu(p,q);}
}
```

第7题:

算法提示:

(1) 用函数 $k()$ 求 $aa\cdots a$(n 个 a)的值。

(2) 主函数调用 k 求累加和。

参考代码:

```c
#include <stdio.h>
void main()
{ long jc(int,int);
  long sn = 0;
  int n,i,a;
  scanf("%d%d",&n,&a);
```

```
    for(i = 1; i <= n; i++)
        sn = sn + jc(i,a);
    printf("%ld",sn);
}
long jc(int n, int a)
{   int i;
    long t = 0;
    for(i = 1; i <= n; i++)
        t = t * 10 + a;
    return(t);
}
```

第 8 题：

算法提示：

（1）将一个八进制数转换成十进制数，只要将八进制按权展开相加即可。例如：八进制数 0134 转换成十进制等于 $1\times 8^2+3\times 8^1+4\times 8^0=92$。

（2）根据转换方法，要求出八进制数 m 各个位上的数字，将 m 作为实参把值传递给形参 b。

参考代码：

```
#include <stdio.h>
void main()
{   int jinzhi(int b);
    int m,k;
    scanf("%o",&m);
    k = jinzhi(m);
    printf("%d\n",k);
}
int jinzhi(int b)
{   int n, s = 0, t = 1;
    while(b > 0)
    {
        n = b % 8;
        s = s + n * t;
        t = t * 8;
        b = b / 8;
    }
    return s;
}
```

第 9 题：

算法提示：

（1）根据题目所给的公式，只需要定义一个函数，功能为求阶乘。

（2）分别以 m、n 和 m+n 作为实参，调用函数求出阶乘的值，再做乘除，即 jc(m)/(jc(m+n)*jc(n))。

参考代码：

```c
#include <stdio.h>
void main()
{ long jc(long n);
  double p;
  int m,n;
  scanf("%d,%d",&m,&n);
  p = (double)jc(m)/(jc(m+n)*jc(n));
  printf("p=%4.2lf\n",p);
}
long jc (long n)
{ int i; long k = 1;
  for(i = 1;i <= n;i++)
    k = k * i;
  return k;
}
```

第 10 题：

算法提示：

（1）根据题目所给的公式，需要定义两个函数，一个求 k 的累加和，一个求 k 的平方的累加和；

（2）主函数输入 k 的值，调用求累加和的两个函数。

参考代码：

```c
#include <stdio.h>
void main()
{ long sum1(int n);
  long sum2(int n);
  long p;
  int k;
  scanf("%d",&k);
  p = sum1(k) + sum2(k);
  printf("p=%ld\n",p);
}
long sum1(int n)
{ int i; long k = 0;
  for(i = 1;i <= n;i++)
    k = k + i;
  return k;
}
long sum2(int n)
{ int i; long k = 0;
  for(i = 1;i <= n;i++)
    k = k + i * i;
  return k;
}
```

【练习题参考答案】

一、选择题

1~5 DCBBD   6~10 BDAAC

二、程序填空

1. 【1】int x   【2】x%2!=0   【3】i   【4】%d
2. 【1】fun(int a)   【2】3   【3】fun(k)   【4】a==0
3. 【1】int x,int y   【2】return y   【3】max(a,b)
4. 【1】n   【2】y=y*x   【3】fun((a+b),3)

三、程序改错

1. 错误：a=t   正确：b=t
   错误：r=a/b   正确：r=a%b
   错误：return a   正确：return b
   错误：scanf("%d%d",num1,num2)   正确：scanf("%d%d",&num1,&num2);
2. 错误：double f=0   正确：double f=1
   错误：for(i=1;i<m;i++)   正确：for(i=3;i<m;i++)
   错误：y+=f/(2i-3)   正确：y+=f/(2*i-3)
3. 错误：long k=1   正确：long k=0
   错误：num\=10   正确：num/=10
   错误：while(!num)   正确：while(num>0)
4. 错误：j=m/10   正确：j=m%10
   错误：k=j*j*j   正确：k=k+j*j*j
   错误：fun(i)=1   正确：fun(i)==1

实验 8

数组作参数的函数程序设计

【实验目的】

(1) 进一步掌握函数实参与形参的对应关系。
(2) 掌握数组元素和数组名作为函数的参数。
(3) 掌握变量的作用域。

【实验内容】

(1) 用函数统计长度为 10 的数组中大于平均值的元素的个数,并输出这些数。
(2) 用函数实现找出一已知数组中的最大值并与数组的最后一个元素交换值。
(3) 键盘输入 10 个数,求所有偶数和。要求输入数和判断偶数分别用函数实现。
(4) 写一函数,实现将一个 4×4 矩阵转置,即行列互换。
(5) 有一个一维数组,内放 10 学生成绩,写两个函数,分别求最高分和高低分。
(6) 求字符串长度。要求在主函数输入一字符串,在子函数求它的长度。
(7) 编写函数,实现字符串反序存放,在主函数中输入和输出字符串。
(8) 已知两个已按升序排列的数组,定义一个函数实现两个数组合并,要求合并后的数组仍然是升序排列。
(9) 输入一个数 k,用折半查找法找出 k 在一已知降序数组中的下标,若找不到,输出无此数,用函数实现。
(10) 编写函数输出以下等腰杨辉三角形的前 m 行。

```
            1
          1   1
        1   2   1
      1   3   3   1
    1   4   6   4   1
  1   5  10  10   5   1
```

【练习题】

一、选择题

1. 若用数组名作为函数调用的实参,传递给形参的是(　　)。
   A) 数组第一个元素的值　　　　　　B) 数组元素的个数
   C) 数组中全部元素的值　　　　　　D) 数组的首地址

2. 已有数组 a 的定义和 fun 函数调用语句,则在 fun 函数的说明中,对形参数组 b 的错误定义方式为(　　)。

   int a[4][4];
   fun(a);

   A) fun(int b[ ][6])　　　　　　　　B) fun(int b[3][ ])
   C) fun(int b[ ][4])　　　　　　　　D) fun(int b[2][5])

3. 以下正确的说法是(　　)。
   A) 在不同函数中不可以使用相同名字的变量
   B) 形式参数是全局变量
   C) 在函数内定义的变量只在本函数范围内有效
   D) 在函数内的复合语句中定义的变量在本函数范围内有效

4. 数组名作函数参数,对实参数组和形参数组的定义正确的说法是(　　)。
   A) 被调函数中可以不定义数组,只在主调函数定义数组
   B) 实参和形参可以是类型不同的数组
   C) 实参和形参数组长度必须相同
   D) 实参和形参数组长度可以不同

5. 全局变量的作用域一般是从定义位置开始到本源文件结束,如果在定义点之前的函数想引用该全局变量,则应该在该函数中用关键字(　　)作"外部变量说明"。
   A) extern　　　　B) register　　　　C) auto　　　　D) static

6. 下面程序的输出结果是(　　)。

```
#include<stdio.h>
f(int  a)
{ int   b=0;
  static int c=3;
  b++;c++;
  return(a+b+c);
}
main()
{ int   a=2, i;
  for(i=0;i<3;i++) printf("%d\n",f(a));
}
```

　　A) 7　　　　　　　B) 7　　　　　　　C) 7　　　　　　　D) 7
　　　 8　　　　　　　　 9　　　　　　　　10　　　　　　　　7
　　　 9　　　　　　　　11　　　　　　　　13　　　　　　　　7

7. 下面程序的输出是(   )。

```
# include <stdio.h>
int a = 20;
void main()
{ extern b;
  int i = 10;
  printf("%d",a+b+i);
}
int b = 30;
```

  A) 10   B) 20   C) 30   D) 60

8. 以下程序的运行结果是(   )。

```
# include <stdio.h>
void main()
{fun();   fun();
}
fun()
{
  int x = 10;
  x *= 10;
  printf("%d",x);
}
```

  A) 100100   B) 10010   C) 1010   D) 10010

9. 以下程序的输出结果是(   )。

```
# include <stdio.h>
void f(int a[],int i,int j)
{ int   t;
  if(a[i]<a[j])
  { t = a[i]; a[i] = a[j];a[j] = t;
    f(a,i+1,j-1);    }
}
void main()
{ int i,aa[5] = {1,2,3,4,5};
  f(aa,2,4);
  for(i = 0;i<5;i++)    printf("%d,",aa[i]);
}
```

  A) 5,4,3,2,1   B) 5,2,3,4,1   C) 1,2,5,4,3   D) 1,2,3,4,5

10. 有以下程序,其输出结果是(   )。

```
# include <stdio.h>
void sort(int a[],int k,int n)
{ int i,j,t;
  for(i = k;i<n-1;i++)
    for(j = i+1;j<n;j++)
      if(a[i]<a[j])   {t = a[i];a[i] = a[j];a[j] = t;}
}
```

```
void main()
{ int aa[10] = {1,2,3,4,5,6,7,8,9,10},i;
  sort(aa,5,10);
  for(i = 0;i < 10;i++)    printf("%d,",aa[i]);
  printf("\n");
}
```

      A) 1,2,3,4,5,10,9,8,7,6,   B) 10,9,8,7,6,5,4,3,2,1,

      C) 9,2,7,4,5,6,3,8,1,10,   D) 1,10,3,8,5,6,7,4,9,2,

二、程序填空

1. 功能：是将一个字符串复制到另一个字符数组中。

```
cpy(char s1[], char s2[])
{ int j;
  / *********** SPACE *********** /
  for(j = 0;【1】;j++)
  / *********** SPACE *********** /
     【2】;
  / *********** SPACE *********** /
  s2[j] = 【3】;
}
main()
{ char str1[80],str2[80];
  gets(str1);
  / *********** SPACE *********** /
   【4】;
  puts(str2);}
```

2. 功能：写一函数，用冒泡法对数组进行升序排序。

```
#include <stdio.h>
void sort(int x[], int z)
{ int n,m,k,t;
  for(n = 0;n < z - 1;n++)
   {
    / *********** SPACE *********** /
            【1】
    / *********** SPACE *********** /
            【2】
       {t = x[m];x[m] = x[m + 1];x[m + 1] = t;}
   }
}
void main()
{ int a[10] = {9,19,8,6,55,3,16,4,20,11};
  int i;
  / *********** SPACE *********** /
   【3】;
  printf("排序后的数组为 :\n");
  for(i = 0;i < 10;i++)
     printf("%4d",a[i]);
  printf("\n");
```

3. 功能：数组名作为函数参数，求最高成绩。

```
float max(float a[])
{ int i;   float s = a[0];
  for(i = 1;i < 5;i++)
  /*********** SPACE ***********/
     【1】
        s = a[i];
  /*********** SPACE ***********/
  return【2】;
}
void main()
{ float sco[5];    int i;
  for(i = 0;i < 5;i++)
  /*********** SPACE ***********/
     scanf("%f",【3】);
  /*********** SPACE ***********/
  printf("max is %5.2f\n",【4】);
}
```

4. 功能：求出二维数组的平均值。

```
#include <stdio.h>
float ave(int m,int n,int a[3][4])
{ int i,j; float s = 0;
/*********** SPACE ***********/
  【1】;
  for(i = 0;i < m;i++)
    for(j = 0;j < n;j++)
    /*********** SPACE ***********/
       【2】;
  /*********** SPACE ***********/
    return(【3】);
}
void main()
{ int a[3][4] = {{11,3,25,7},{42,14,6,58},{5,7,44,2}};
  /*********** SPACE ***********/
  printf("%4.2f\n",【4】);
}
```

三、程序改错

1. 功能：用"冒泡法"对连续输入的 10 个字符排序后按从小到大的次序输出。

```
#define  N  10
sort(char str[N])
{ int i,j; char t;
  for(j = 1;j < N;j++)
    /*********** FOUND ***********/
      for(i = 0;i < N - j + 1;i++)
    /*********** FOUND ***********/
```

```
            if(str[i]> str[j])
            { t = str[i]; str[i] = str[i + 1]; str[i + 1] = t;}
}
main()
{ int   i; char   str[N];
  for(i = 0;i < N;i++)
  / ********** FOUND ********** /
    scanf(" % c",str[i]);
  / ********** FOUND ********** /
  sort(str[10]);
  for(i = 0;i < N;i++)
     printf(" % c",str[i]);
  printf("\n");}
```

2. 功能：将字符串 s 中指定下标开始到字符串结束的所有字符逆序存放。

```
#include < stdio.h >
void fun(char s[ ], int t)
{ int i,sl,n; char st;
  sl = strlen(s);
  / ********** FOUND ********** /
  n = sl;
  / ********** FOUND ********** /
  for(i = 0;i < n;i++,n--)
    {st = s[i];
    / ********** FOUND ********** /
    s[i] = s[n--];
    s[n] = st;}
}
main()
{ char s[100];
  int n;
  scanf(" % d",&n);
  scanf(" % s",s);
  fun(s,n);
  / ********** FOUND ********** /
  printf(" % c\n",s);}
```

3. 功能：找出一已知数组中的最小值并与数组的最后一个元素交换值。

```
#include < stdio.h >
void min(int x[ ], int n)
{ int i,temp,minid;
  / ********** FOUND ********** /
  minid = x[0];
  for(i = 1;i < n;i++)
     if(x[i]< x[minid])
        / ********** FOUND ********** /
        minid = x[i];
  temp = x[n - 1];
  x[n - 1] = x[minid];
  x[minid] = temp;
```

```
        }
    void main()
    {   int a[8] = {9,19,68,6,55,32,6,35};
        int i;
    /********** FOUND **********/
        min(a);
        for(i = 0;i < 8;i++)
            printf(" % 4d",a[i]);
    }
```

4. 功能：输出已知数组 $a[10]=\{23,16,74,25,38,2,7,49,32,91\}$ 中的所有偶数。

```
    # include < stdio.h >
    int odd(int x)
    { /********** FOUND **********/
      if(x % 2 = 0)
        x = 1;
    /********** FOUND **********/
      return 0;
    }
    void main()
    {   int i;
        int  a[10] = {23,16,74,25,38,2,7,49,32,91};
    /********** FOUND **********/
        for(i = 1;i < 10;i++)
    /********** FOUND **********/
        if(!odd(a[i]))
            printf(" % 4d",a[i]);
    }
```

【实验指导】

第1题：

算法提示：

(1) 用数组名作为函数调用的实参，把数组的首地址传递给形参数组，形参数组与实参数组共用一段内存单元。

(2) 数组元素大于平均值的条件是 $a[i]>$ sum/10。

参考代码：

```
    # include < stdio.h >
    int tj(int a[]);
    void main()
    {   int a[10],i;
        for(i = 0;i < 10;i++)
            scanf(" % d",&a[i]);
        printf("\n % d",tj(a));
    }
    int tj(int a[])
    {   int i,gs = 0,sum = 0;
```

```
      for(i = 0;i < 10;i++)
        sum += a[i];
      sum = sum/10;
      for(i = 0;i < 10;i++)
        if(a[i]> sum)
        {
          gs++;
          printf(" % 4d",a[i]);
        }
      return gs;
    }
```

第 2 题：

算法提示：

(1) 在函数 mmax 中找最大值并完成交换，数组作函数参数。

(2) 主函数调用 mmax，输出结果。

参考代码：

```
#include <stdio.h>
void mmax(int a[]);
void main()
{ int a[10],i;
  for(i = 0;i < 10;i++)
    scanf(" % d",&a[i]);
  mmax(a);
  for(i = 0;i < 10;i++)
    printf(" % 4d",a[i]);
}
void mmax(int a[])
{ int i,max = a[0],m = 0;
  for(i = 1;i < 10;i++)
    if(a[i]> max)
    { m = i; max = a[i];}
  a[m] = a[9];a[9] = max;
}
```

第 3 题：

算法提示：

(1) 在函数 fun 判断一个数是否是偶数。

(2) 函数 input 输出数组。

参考代码：

```
#include <stdio.h>
int fun(int x)
{ if(x % 2 == 0)
    return 1;
```

```
    else
      return 0;
}
void input(int a[],int n)
{   int i;
    for(i = 0;i < n;i++)
      scanf(" % d",&a[i]);
}
void main()
{   int a[10];
    int k,s = 0;
    input(a,10);
    for(k = 0;k < 10;k++)
      if(fun(a[k]) == 1) s += a[k];
    printf("\n sum = % d",s);
}
```

第 4 题：

算法提示：

(1) 二维数组作参数，实参为数组名，形参数组的第二维长度不可省略。

(2) 求转置矩阵，即交换 a[i][j] 与 a[j][i] 的值。

(3) 转置矩阵的对角线元素不变，实际是交换对角线两侧的数据，所以内循环变量 j 的取值满足(j=0;j<i;j++)。

参考代码：

```
# include < stdio.h >
void main()
{ void zz(int a[][4]);
  int i,j,a[4][4];
  for(i = 0;i < 4;i++)
   for(j = 0;j < 4;j++)
     scanf(" % d",&a[i][j]);
  zz(a);
  for(i = 0;i < 4;i++)
  {
    for(j = 0;j < 4;j++)
      printf(" % 4d",a[i][j]);
    printf("\n");
  }
}
void zz(int a[][4])
{  int i,j,t;
   for(i = 0;i < 4;i++)
     for(j = 0;j < i;j++)
     {
       t = a[i][j];a[i][j] = a[j][i];a[j][i] = t;
     }
}
```

第 5 题：
算法提示：
最高分与最低分的求法同最大值、最小值的求法。
参考代码：

```c
#include <stdio.h>
void main()
{   int maxx(int a[]);
    int minn(int b[]);
    int score[10],i,max,min;
    for(i=0;i<10;i++)
        scanf("%d",&score[i]);
    max=maxx(score);
    min=minn(score);
    printf("max=%d,min=%d\n",max,min);
}
int maxx(int a[])
{   int i,max;
    max=a[0];
    for(i=1;i<10;i++)
        if(a[i]>max)max=a[i];
    return max;
}
int minn(int b[])
{
    int i,min;
    min=b[0];
    for(i=1;i<10;i++)
        if(b[i]<min)min=b[i];
    return min;
}
```

第 6 题：
算法提示：
字符串结束标记是'\0'。
参考代码：

```c
#include <stdio.h>
void main()
{   int length(char b[]);
    char a[80];int n;
    gets(a);
    n=length(a);
    printf("length=%d\n",n);
}
int length(char b[])
{   int i=0;
```

```
    while(b[i]!='\0')i++;
    return i;
}
```

第 7 题：

算法提示：

将字符串的第一个字符与最后一个字符交换,第二个字符与倒数第二个字符交换,以此类推。

参考代码：

```
#include <stdio.h>
#include <string.h>
void nx(char b[])
{ char c;int i,n;
  n=strlen(b);
  for(i=0;i<n;i++,n--)
  {
    c=b[i];b[i]=b[n-1];b[n-1]=c;
  }
}
void main()
{ char a[80];
  scanf("%s",a);
  nx(a);
  printf("%s",a);
}
```

第 8 题：

算法提示：

(1) 循环比较两个数组中的元素,把小的元素先赋给数组 c。

(2) 若某数组还有剩余元素,把剩余元素存到数组 c 中。

参考代码：

```
#include <stdio.h>
void hb(int a[],int n,int b[],int m,int c[])
{ int i=0,j=0,k=0;
  while(i<n&&j<m)
    if(a[i]<b[j])
      { c[k]=a[i]; i++;k++;}
    else
      { c[k]=b[j]; j++;k++;}

  while(i<n)
  { c[k]=a[i]; i++;k++;}
  while(j<m)
```

```
    { c[k] = b[j]; j++;k++;}
  }
  void main()
  {   int a[5] = {1,3,5,7,9};
      int b[8] = {2,4,6,8,10,11,12,14};
      int c[13],i;
      hb(a,5,b,8,c);
      for(i = 0;i < 13;i++)
        printf("%4d\n",c[i]);
  }
```

第 9 题：

算法提示：

若查找范围用 p 和 q 来表示，p 为下限，q 为上限。设 m＝(p＋q)/2，若 k＝＝a[m]，则找到；若 k＞a[m]，则 q＝m，否则 p＝m，缩小查找范围；如此重复前面的过程直到找到或者 p＞q 为止。如果 p＞q，说明没有此数。

参考代码：

```
  #include <stdio.h>
  int bin_search(int b[ ], int n, int key)
  {  int low,high,mid;
     low = 0;
     high = n - 1;
     while(low <= high)
     {
       mid = (low + high)/2;
       if(b[mid] == key) return mid;
       if(b[mid]< key)   low = mid + 1;
       if(b[mid]> key)   high = mid - 1;
     }
     return -1;
  }
  void main()
  {  int a[11] = {0,1,2,3,4,5,6,7,8,9,11},k,m;
     printf("请输入您要查找的数：");
     scanf("%d",&k);
     m = bin_search(a,11,k);
     if(m == -1)
       printf("无此数\n");
     else
       printf("所查找的数在数组中的下标是%d\n",m);
  }
```

第 10 题：

算法提示：

（1）用函数 yanghui 求杨辉三角形存到二维数组中。

(2) 循环输出二维数组,在输出一行前要先输出一系列空格,保证输出的是等腰杨辉三角形。

参考代码：

```c
#include <stdio.h>
void yanghui(int x[][50],int m)           /* 形参是二维数组 */
{ int k,n;
  for(k=0;k<m;k++)
  {
    x[k][0] = 1;
    x[k][k] = 1;
    for(n=1;n<k;n++)
      x[k][n] = x[k-1][n-1] + x[k-1][n];
  }
}
void main()
{ int a[50][50];
  int i,j,m,k;
  printf("请输入行数：\n");
  scanf("%d",&m);
  yanghui(a,m);
  for(i=0;i<m;i++)
  {
    printf("\n");
    for(k=0;k<20-2*i;k++)
      printf(" ");
    for(j=0;j<=i;j++)
      printf("%4d",a[i][j]);
  }
}
```

【练习题参考答案】

一、选择题

1~5 DBCDA   6~10 ADACA

二、程序填空

1. 【1】s1[j]　　　　　　【2】s2[j]=s1[j]　　　【3】'\0'　　　　【4】cpy(str1,str2)
2. 【1】for(m=0;m<z-n-1;m++)　　【2】if(x[m]>x[m+1])　【3】sort(a,10)
3. 【1】if(s<a[i])　　　　【2】s　　　　　　　　【3】&sco[i]　　【4】max(sco)
4. 【1】s=0　　　　　　　【2】s+=a[i][j]　　　　【3】s/(m*n)　　【4】ave(3,4,a)

三、程序改错

1. 错误：for(i=0;i<N-j+1;i++)　　　　　正确：for(i=0;i<N-j;i++)
   错误：if(str[i]>str[j])　　　　　　　正确：if(str[i]>str[i+1])
   错误：scanf("%c",str[i])　　　　　　正确：scanf("%c",&str[i])
   错误：sort(str[10])　　　　　　　　正确：sort(str)

2. 错误：n=sl   正确：n=sl-1
   错误：for(i=0;i<n;i++,n--)   正确：for(i=t;i<n;i++,n--)
   错误：s[i]=s[n--]   正确：s[i]=s[n]
   错误：printf("%c\n",s)   正确：printf("%s\n",s)
3. 错误：minid=x[0]   正确：minid=0
   错误：minid=x[i]   正确：minid=i
   错误：min(a)   正确：min(a,8)
4. 错误：if(x%2=0)   正确：if(x%2==0)
   错误：return 0   正确：return x
   错误：for(i=1;i<10;i++)   正确：for(i=0;i<10;i++)
   错误：if(!odd(a[i]))   正确：if(odd(a[i]))

【拓展训练】

10 个小孩分糖果。

10 个小孩围成一圈分糖果，老师分给第一个小孩 10 块，第二个小孩 2 块，第三个小孩 8 块，第四个小孩 22 块，第五个小孩 16 块，第六个小孩 4 块，第七个小孩 10 块，第八个小孩 6 块，第九个小孩 14 块，第十个小孩 20 块。然后所有的小孩同时将手中的糖分一半给右边的小孩；糖块数为奇数的人可向老师要一块。问经过这样几次后大家手中的糖的块数一样多？每人各有多少块糖？

1. 问题分析与算法设计

题目描述的分糖过程是一个机械的重复过程，编程算法完全可以按照描述的过程进行模拟。

（1）定义函数 print，功能是输出数组的值，也就是孩子手中的糖数。

（2）定义函数 judge 来判断小孩手中的糖是否都相等了，条件为（c[0]!=c[i]），若不相等返回值为 1，相等返回值为 0。

（3）根据函数 judge 的返回值，如果为 1，孩子手中糖数不同，则需要重新分配。

（4）是偶数分出一半 if(sweet[i]%2==0) t[i]=sweet[i]=sweet[i]/2。

（5）是奇数则加 1 再分一半 t[i]=sweet[i]=(sweet[i]+1)/2。

（6）将分出的一半糖分给右边的孩子，就是将 t[i]分给后一个数组元素，sweet[l+1]=sweet[l+1]+t[l]。

（7）若是最后一个孩子，即最后一个元素，则分给第一个元素，sweet[0]+=t[9];。

2. 程序代码

```
#include<stdio.h>
void print(int s[]);
int judge(int c[]);
int j = 0;
void main()
{   static int sweet[10] = {10,2,8,22,16,4,10,6,14,20};
    int i,t[10],l;
```

```
        printf("child\n");
        printf(" round 1  2  3  4  5  6  7  8  9  10\n");
        printf("............................\n");
        print(sweet);                        /*输出每个人手中糖的块数*/
        while(judge(sweet))                  /*若不满足要求则继续进行循环*/
        {
            for(i = 0;i < 10;i++)            /*将每个人手中的糖分成一半*/
                if(sweet[i] % 2 == 0)        /*若为偶数则直接分出一半*/
                    t[i] = sweet[i] = sweet[i]/2;
                else                         /*若为奇数则加 1 后再分出一半*/
                    t[i] = sweet[i] = (sweet[i] + 1)/2;
            for(l = 0;l < 9;l++)             /*将分出的一半糖给右(后)边的孩子*/
                sweet[l + 1] = sweet[l + 1] + t[l];
            sweet[0] += t[9];
            print(sweet);                    /*输出当前每个孩子手中的糖数*/
        }
    }
    int judge(int c[])
    {   int i;
        for(i = 0;i < 10;i++)                /*判断每个孩子手中的糖是否相同*/
            if(c[0] != c[i]) return 1;       /*不相同返回 1*/
        return 0;
    }
    void print(int s[])                      /*输出数组中每个元素的值*/
    {   int k;
        printf(" %2d ",j++);
        for(k = 0;k < 10;k++)
            printf(" %4d",s[k]);
        printf("\n");
    }
```

实验 9 指针应用程序设计

【实验目的】

(1) 掌握指针的概念及定义和使用指针变量。
(2) 掌握使用数组的指针和指向数组的指针变量。

【实验内容】

以下题目均要求用指针方法处理。

(1) 用函数实现将一个长度为 10 的数组逆序存放并输出。

(2) 由键盘输入 10 名学生的成绩,计算并输出其中的最高分、最低分并求出平均分。

(3) 输入 10 个整数,按由大到小的顺序输出。

(4) 有三个数,按由小到大的顺序输出(交换两个数用指针作为函数的参数实现)。

(5) 编写一个函数用来求出数组的最小元素在数组中的下标,并存放在指定的存储单元中。

(6) 有 n 个人围成一圈,顺序排号。从第一个人开始报数(从 1 到 3 报数),凡报到 3 的人退出圈子,问最后留下的是原来的第几号?

(7) 编写函数 void fun(char * s,char * t,char * p),将未在字符串 s 中出现、而在字符串 t 中出现的字符,形成一新的字符串存入 p 中,p 中字符按原字符串中的顺序排列,但去掉重复字符。

(8) 假定输入的字符串中只包含字母和'*'号。请编写函数,它的功能是:使字符串的前导'*'号不得多于 n 个,若多于 n 个,则删除多余的'*'号;若少于或等于 n 个,则什么也不做,字符串中间和尾部的'*'号不删除。

(9) 从键盘输入一个字符串,然后在字符串的每两个字符之间都插入一个空格,如原串为 abcd,则新串为 a b c d。要求用函数和指针来完成。

(10) 有 n 个整数,使其前面各数顺序向后移 m 个位置,最后 m 个数变成最前面 m 个数。

【练习题】

一、选择题

1. 设 p1 和 p2 为指针变量,且指向同一个整型数组中的元素,a 是一个整型变量,下面哪一个语句不能正确执行?（　　）
   A) a=*p1   B) a=*p1+*p2
   C) a=*p1-*p2   D) p1=a-p2

2. 若有说明：int *p,m=5,n;以下程序段正确的是（　　）。
   A) p=&n;   B) p=&n;
      scanf("%d",&p);   scanf("%d",*p);
   C) scanf("%d",&n);   D) p=&n;
      *p=n;   *p=m;

3. 若有以下定义,且 0<=i<10,则对数组元素的错误引用是（　　）。
   int a[]={1,2,3,4,5,6,7,8,9,0},*p,i; p=a;
   A) *(a+i)   B) a[p-a]   C) p+i   D) *(&a[i])

4. 若有以下定义,且 0<=i<10,则对数组地址的正确表示是（　　）。
   int a[]={1,2,3,4,5,6,7,8,9,0},*p,i; p=a;
   A) &(a+1)   B) a++   C) &p   D) &p[i]

5. 现有 int b[3][4],*p;p=(int *)b;若要指针 p 指向 b[2][3],以下正确的是（　　）。
   A) p+=3*4+3   B) p+=2*4+3
   C) p+=(3*4+3)*sizeof(int) D) p+=(2*4+3)*sizeof(int)

6. 设有说明语句：char a[]="It is mine";char *p="It is mine";则以下不正确的叙述是（　　）。
   A) a+1 表示的是字符 t 的地址
   B) p 指向另外的字符串时,字符串的长度不受限制
   C) p 变量中存放的地址值可以改变
   D) a 中只能存放 10 个字符

7. 如有定义：int b[]={1,2,3,4},y,*p=b+1;执行 y=*p++后,y 的值为（　　）。
   A) 2   B) 3   C) 1   D) 4

8. 已有定义 int k=2;int *ptr1,*ptr2;且 ptr1 和 ptr2 均已指向变量 k,下面不能正确执行的赋值语句是（　　）。
   A) k=*ptr1+*ptr2   B) ptr2=k
   C) ptr1=ptr2   D) k=*ptr1*(*ptr2)

9. 下面程序段的运行结果是（　　）。
   char *p="abcde";
   p+=2; printf("%d",p);
   A) cde   B) 字符'c'

C) 字符'c'的地址   D) 无确定的输出结果

10. 若有语句 char *line[5];以下叙述中正确的是（　　）。

　　A) 定义 line 是一个数组,每个数组元素是一个基类型为 char 的指针变量
　　B) 定义 line 是一个指针变量,该变量可以指向一个长度为 5 的字符型数组
　　C) 定义 line 是一个指针数组,语句中的 * 号称为间址运算符
　　D) 定义 line 是一个指向字符型函数的指针

二、程序填空

1. 功能：在形参 ss 所指字符串数组中,删除所有串长超过 k 的字符串,函数返回剩余字符串。ss 所指字符串数组中共有 N 个字符串,且串长小于 M。

```
# include <stdio.h>
# include <string.h>
# define N 5
# define M 10
int fun(char (*ss)[M], int k)
{ int i,j = 0,len;
    /************ space ************/
    for(i = 0; i<【1】; i++)
    {   len = strlen(ss[i]);
        /************ space ************/
        if(len<=【2】) strcpy(ss[j++],【3】);
    }
    return j;
}
main()
{ char x[N][M] = {"Beijing","Shanghai","Tianjing",
                  "Nanjing","Wuhan"};
  int i,f;
  printf("\n 原字符串\n\n");
  for(i = 0;i<N;i++) puts(x[i]);
  printf("\n");
  f = fun(x,7);
  printf("字符串长度小于或等于 7:\n");
  for(i = 0; i<f; i++) puts(x[i]);
  printf("\n");
}
```

2. 功能：有 N×N 矩阵,以主对角线为对称线,对称元素相加并将结果存放在左下三角元素中,右上三角元素置为 0。例如,若 N=3,有下列矩阵:

```
1 2 3      计算结果为    1  0  0
4 5 6                    6  5  0
7 8 9                   10 14  9
```

```
# include <stdio.h>
# define N 4
/*********** SPACE ***********/
void fun(int (*t)【1】)
{ int i, j;
```

```
   for(i = 1; i < N; i++)
   { for(j = 0; j < i; j++)
     / *********** SPACE *********** /
     { 【2】 = t[i][j] + t[j][i];
       / *********** SPACE *********** /
         【3】 = 0;
     }
   }
}
main()
{  int t[][N] = {21,12,13,24,25,16,47,38,29,11,
                 32,54,42,21,33,10}, i, j;
   printf("\n原数组:\n");
   for(i = 0; i < N; i++)
   { for(j = 0; j < N; j++) printf(" %2d ",t[i][j]);
     printf("\n");
   }
   fun(t);
   printf("\n结果是:\n");
   for(i = 0; i < N; i++)
   { for(j = 0; j < N; j++) printf(" %2d ",t[i][j]);
     printf("\n");
   }
}
```

3. 功能：找出数组中最大值和此元素的下标,数组元素的值由键盘输入。

```
void  main()
{  int a[10], * p, * s, i;
   for(i = 0; i < 10; i++)
   / *********** SPACE *********** /
   scanf(" %d", 【1】);
   / *********** SPACE *********** /
   for(p = a, s = a; 【2】 < 10; p++)
   / *********** SPACE *********** /
   if( * p【3】 * s)s = p;
   / *********** SPACE *********** /
   printf("最大值 = %d,下标 = %d\n", 【4】, s - a);
}
```

4. 功能：先将在字符串 s 中的字符按正序存放到 t 串中,然后把 s 中的字符按逆序连接到 t 串的后面。

```
void  fun(char * s,char * t)
{  int i,s1;
   / *********** SPACE *********** /
   s1 = 【1】;
   for(i = 0; i < s1; i++)
     t[i] = s[i];
   for(i = 0; i < s1; i++)
     / *********** SPACE *********** /
```

```
        t[s1 + i] = 【2】;
     /*********** SPACE *********** /
        t[s1 + i] = 【3】;
}
main()
{ char s[100],t[100];
  printf("请输入字符串 s:");
 /*********** SPACE *********** /
  【4】("%s",s);
  fun(s,t);
  printf("结果是:%s\n",t);
}
```

三、程序改错

1. 功能：比较两个字符串，将长的那个字符串作为函数值返回。

```
#include <stdio.h>
/********** FOUND ********** /
char fun(char *s, char *t)
{   int sl = 0, tl = 0; char *ss, *tt;
    ss = s; tt = t;
    while(*ss)
    {
       sl++;
      /********** FOUND ********** /
       (*ss)++;
    }
    while(*tt)
    {
       tl++;
      /********** FOUND ********** /
       (*tt)++;
    }
    if(tl > sl) return t;
    else return s;
}
void main()
{   char a[80],b[80];
    printf("\n请输入字符串 a : "); gets(a);
    printf("\n请输入字符串 b : "); gets(b);
    printf("\n较长的字符串是:%s\n",fun(a,b));
}
```

2. 功能：分别统计字符串中大写字母和小写字母的个数。例如：给字符串 s 输入 AAaaBBb123CCccccd，则应输出结果 upper=6，lower=8。

```
#include <conio.h>
#include <stdio.h>
/********** FOUND ********** /
void fun (char *s, int a, int b)
{   while (*s)
```

```
    {   if ( * s >= 'A' && * s <= 'Z' )
        /********** FOUND **********/
        a++ ;
        if ( * s >= 'a' && * s <= 'z' )
        /********** FOUND **********/
        b++;s++;
    }
}
main()
{   char s[100]; int upper = 0, lower = 0 ;
    printf("\n 请输入字符串 s: "); gets (s);
    fun (s, & upper, &lower);
    printf("\n upper = % d lower = % d\n",upper, lower);
}
```

3. 功能：编写一个程序，从键盘接收一个字符串，然后按照字符顺序从小到大进行排序，并删除重复的字符。

```
#include <stdio.h>
#include <string.h>
void main()
{   char str[100], * p, * q, * r,c;
    printf("输入字符串:");
    gets(str);
    /********** FOUND **********/
    for(p = str;p;p++)
    {
        for(q = r = p; * q;q++)
            if( * r > * q)    r = q;
        /********** FOUND **********/
        if(r == p)
        {
            /********** FOUND **********/
            c = r; * r = * p; * p = c;
        }
    }
    for(p = str; * p;p++)
    {
        for(q = p; * p == * q;q++);
            strcpy(p + 1,q);
    }
    printf("结果字符串: % s\n\n",str);
}
```

4. 功能：求出数组中的最大数和次最大数，并把最大数和 a[0]中的数对调、次最大数和a[1]中的数对调。请改正程序中的错误，使它能得出正确的结果。

```
#include <stdio.h>
#define N 20
int fun (int * a, int n)
{   int i, m, t, k;
```

```
        for(i = 0;i < 2;i++)
        {
          / ********** FOUND ********** /
          m = 0;
          for(k = i + 1;k < n;k++)
          / ********** FOUND ********** /
            if(a[k]>a[m]) k = m;
            t = a[i];a[i] = a[m];a[m] = t;
        }
}
main()
{ int x,b[N] = {11,5,12,0,3,6,9,7,10,8},n = 10,i;
  for (i = 0; i < n; i++ ) printf("% d ",b[i]);
  printf("\n");
  fun (b, n);
  for (i = 0; i < n; i++ ) printf("% d ", b[i]);
  printf("\n");
}
```

【实验指导】

第1题：

算法提示：

(1) 定义两个指针变量 p,q,利用指针做逆序存放。

(2) 令 p 指向数组的第一个元素,q 指向数组的最后一个元素。

(3) 两个指针同时向数组的中间移动,并将所指的数组元素交换,for(i＝0;i＜5;i++,p++,q－－){t＝*p;*p＝*q;*q＝t;}即可。

参考代码：

```
# include < stdio. h >
void main()
{ void nx(int a[]);
  int a[10],i;
  for(i = 0;i < 10;i++)
  scanf(" % d",&a[i]);
  nx(a);
  for(i = 0;i < 10;i++)
  printf(" % 4d",a[i]);
}
void nx(int a[])
{ int * p,i, * q,t;
  p = a;
  q = &a[9];
  for(i = 0;i < 5;i++,p++,q－－)
  {
    t = * p; * p = * q; * q = t;
  }
}
```

第 2 题：

算法提示：

(1) 定义一维数组和指向数组的指针变量。

(2) 通过指针访问数组的每一个元素。

(3) 通过循环求出数组中的最低分、最高分及平均分。

参考代码：

```c
#include <stdio.h>
void main()
{ int i,max,min,a[10],*p;
  float aver = 0;
  p = a;
  for(i = 0;i < 10;i++,p++) scanf("%d",p);
  p = a;
  max = min = *p;
  for(i = 0;i < 10;i++,p++)
  {
    if(*p > max) max = *p;
    if(*p < min) min = *p;
    aver = aver + *p;
  }
  aver = aver/10;
  printf("最高分 = %d,最低分 = %d,平均分 = %f",max,min,aver);
}
```

第 3 题：

算法提示：

(1) 对 10 个数据排序，可以使用起泡法或者选择法。

(2) 定义 sort() 函数，并采用选择排序法。

参考代码：

```c
#include <stdio.h>
void main()
{ void sort(int a[],int n);
  int i,a[10],*p;
  p = a;
  for(i = 0;i < 10;i++) scanf("%d",p++);
  p = a;
  sort(p,10);
  for(p = a,i = 0;i < 10;i++,p++) printf("%5d",*p);
}
void sort(int a[],int n)
{ int i,j,k,t;
  for(i = 0;i < n-1;i++)
  { k = i;
    for(j = i+1;j < n;j++)
```

```
      if(a[k]<a[j]) k = j;
    t = a[i];a[i] = a[k];a[k] = t;}
}
```

第 4 题:

算法提示:

(1) 指针作为函数的参数,传递的是地址,形参值改变,实参随之改变。

(2) 三个数需要两两比较三次,调用三次 swap 函数。

参考代码:

```
#include <stdio.h>
void main()
{ void swap(int *t1,int *t2);
  int a,b,c,*p1,*p2,*p3;
  scanf("%d%d%d",&a,&b,&c);
  p1 = &a;p2 = &b;p3 = &c;
  if(*p1 > *p2) swap(p1,p2);
  if(*p1 > *p3) swap(p1,p3);
  if(*p2 > *p3) swap(p2,p3);
  printf("%d,%d,%d\n",a,b,c);
}
void swap(int *t1,int *t2)
{ int t;
  t = *t1;*t1 = *t2;*t2 = t;
}
```

第 5 题:

算法提示:

(1) 找到数组的最小元素。

(2) 把该元素的下标赋给 k 所指的数。

参考代码:

```
#include <stdio.h>
#include <conio.h>
int fun(int *s,int t,int *k)
{ int i;
  *k = 0;
  for(i = 0;i < t;i++) if(s[*k] > s[i]) *k = i;
  return s[*k];
}
void main()
{ int a[10] = {234,345,753,134,436,458,100,
              321,135,760},k;
  fun(a,10,&k);
  printf("%d,%d\n",k,a[k]);
}
```

第 6 题：

算法提示：

(1) 让 n 个人一次报数,报到 3 的则清零,即退出。

(2) 下一个人继续从 1 开始报,报到 3 的再退出。

(3) 被清零的在下一次循环中直接跳过,这样一直循环下去,直到有 n-1 个人退出,最后剩下的则是游戏的赢家。

参考代码：

```
#include<stdio.h>
#include<string.h>
#define nmax 50
void main()
{ int i,k,m,n,num[nmax], * p;
  printf("请输入 n 的值:");
  scanf("%d",&n);
  p = num;
  for(i = 0;i<n;i++) * (p+i) = i+1;
  i = 0;
  k = 0;
  m = 0;
  while(m<n-1)
  { if( * (p+i)!= 0) k++;
    if(k == 3)
    {  * (p+i) = 0;
      k = 0;
      m++;}
    i++;
    if (i == n) i = 0;
  }
  while( * p == 0) p++;
  printf("留下的是%d\n", * p);
}
```

第 7 题：

算法提示：

(1) 定义 test() 函数判断 s 中的字符是否在 t 中出现过。

(2) 定义 fun() 函数,如果字符未出现过,则放入 p 中。

参考代码：

```
#include<stdio.h>
#include<string.h>
int test(char * s,int n,char ch)
{ int i;
  for(i = 0;i<n;i++)
    if(s[i] == ch) return 1;
  return 0;
```

```
    }
void fun(char *s,char *t,char *p)
{ int i,j;
  for(i = j = 0;t[i] != 0;i++)
    if(test(s,strlen(s),t[i]) == 0&&test(t,i,t[i]) == 0)
    { p[j] = t[i];
      j++;
    }
  p[j] = 0;
}
int main()
{ char s1[50],s2[50],s3[50];
  gets(s1);gets(s2);
  fun(s1,s2,s3);
  puts(s3);
}
```

第 8 题：

算法提示：

（1）定义临时字符指针，并指向初始的首地址。

（2）计算字符串前导 * 号的个数，如果大于给定的个数，则从前向后删除多余的 * 号。

（3）用临时指针把字符串拷贝到原字符串。

（4）给修改后的字符串赋结尾标识符。

参考代码：

```
#include <stdio.h>
#include <conio.h>
void fun(char *a,int n)
{ int i = 0,k = 0;
  char *t = a;
  while( *t == '*')
  { k++; t++;}
  t = a;
  if(k > n) t = a;
  if(k > n) t = a + k - n;
  while( *t)
  { a[i] = *t;
    i++;
    t++;  }
  a[i] = '\0';
}
void main()
{ char s[81];
  int n;
  printf("请输入字符串:\n");
  gets(s);
```

```
    printf("请输入 n:");
    scanf("%d",&n);
    fun(s,n);
    printf("删除后的字符串;\n");
}
```

第 9 题：
算法提示：
(1) 利用循环 for(i=strlen(p);i>0;i--)遍历从最后一个字符开始至第二个字符。
(2) 下标为 i 位置上的字符，应存储到下标为 2*i 位置上，即 *(p+2*i)=*(p+i)。
(3) 对于插入空格的位置，从后面开始，下标规律为 2*i-1，即 *(p+2*i-1)=' '。
参考代码：

```
#include <stdio.h>
#include <string.h>
void main()
{   void cr(char *p);
    char s[80];
    gets(s);
    cr(s);
    printf("%s\n",s);
}
void cr(char *p)
{   int i;
    for(i=strlen(p);i>0;i--)
    {   *(p+2*i) = *(p+i);
        *(p+2*i-1) = ' ';}
}
```

第 10 题：
算法提示：
(1) 定义数组存放 n 个数，并定义指向数组的指针。
(2) 定义 move()函数移动数组中的元素。
(3) 调用一次 move()函数，m 的值减 1，判断如果 m>0，则继续调用 move 函数。
参考代码：

```
#include <stdio.h>
void main()
{   void move (int [20],int ,int);
    int number[20],n,m,i;
    printf("请输入 n:");
    scanf("%d",&n);
    printf("输入%d个数:",n);
    for (i=0;i<n;i++)
        scanf("%d",&number[i]);
```

```
        printf("请输入 m:");
        scanf(" % d",&m);
    move(number,n,m);
    printf("现在数的顺序是:\n");
    for (i = 0;i < n;i++)
        printf(" % d ",number[i]);
    printf("\n");
}
void move (int arry[20],int n,int m)
{
    int * p,arry_end;
    arry_end = * (arry + n - 1);
    for(p = arry + n - 1;p > arry;p -- )
        * p = * (p - 1);
    * arry = arry_end;
    m -- ;
    if(m > 0) move(arry,n,m);
}
```

【练习题参考答案】

一、选择题
1~5 DDCDB   6~10 DABCA

二、程序填空
1. 【1】N   【2】k   【3】ss[i]
2. 【1】[N]   【2】t[i][j]   【3】t[j][i]
3. 【1】&a[i]   【2】p－a   【3】>   【4】* s
4. 【1】strlen(s) 【2】s[s1－1－i] 【3】'\0'   【4】scanf

三、程序改错
1. 错误：char fun(char * s, char * t)   正确：char * fun(char * s,char * t)
   错误：(* ss)++;   正确：ss++;
   错误：(* tt)++;   正确：tt++;
2. 错误：void fun(char * s, int a, int b)   正确：void fun(char * s,int * a,int * b)
   错误：a++;   正确：(* a)++
   错误：b++;   正确：(* b)++
3. 错误：for(p=str;p;p++)   正确：for(p=str; * p;p++)
   错误：if(r==p)   正确：if(r!=p)
   错误：c=r;   正确：c= * r;
4. 错误：m=0   正确：m=i;
   错误：if(a[k]>a[m]) k=m;   正确：if(a[k]>a[m]) m=k;

【拓展训练】

将给定的 4 个城市名(字符串)按字母顺序排序后输出。

1. 问题分析与算法设计

这是一个排序算法,可利用前面用过的起泡、选择排序方法来解决。但此题需要排序的对象长度是不同的,因此可以利用指针来完成,在比较两个字符串后如果需要交换,只需要交换指针指向元素的地址即可,而不需要交换字符串本身。排序方法参照前面讲过的选择法。

2. 程序代码与程序注释

```c
#include<stdio.h>
#include<string.h>
void main()
{ void sort(char *name[],int n);
  void print(char *name[],int n);
  /*初始化字符数组*/
  static char *name[]={"New York","London","Seoul","Tokyo"};
  int n=4;
  sort(name,n);
  print(name,n);
}
void sort(char *name[],int n)
{ /*定义排序算法*/
  char *pt;
  int i,j,k;
  for(i=0;i<n-1;i++)
  { k=i;
    for(j=i+1;j<n;j++)
    if(strcmp(name[k],name[j])>0) k=j;
    if(k!=i)
      { pt=name[i];
        name[i]=name[k];
        name[k]=pt;
      }
  }
}
void print(char *name[],int n)
{ /*定义输出函数*/
  int i;
  for (i=0;i<n;i++)
  printf("%s\n",name[i]);
}
```

3. 运行结果

London New York Seoul Toyko

实验 10 结构体

【实验目的】

(1) 掌握结构体类型的概念和定义方法以及结构体变量的定义和引用。
(2) 掌握指向结构体变量的指针变量的概念和应用。
(3) 掌握结构体类型数组的概念和应用。
(4) 掌握链表的概念和链表的操作。

【实验内容】

(1) 定义一个结构体变量(包括年、月、日),计算该日期在本年中是第几天？(注意闰年问题)。

(2) 建立一个通讯录,包括姓名,生日,电话号码。输入 m 个人的信息,按年龄从大到小的顺序依次输出其信息。

(3) 将输入的一个字符串加密后输出,加密表中未出现的源字符原样输出,如表 10-1 所示。

表 10-1　源字符与加密后字符

源　字　符	加密后字符	源　字　符	加密后字符
a	f	b	g
w	d	f	9
v	*	x	s

(4) 定义一个结构数组,描述学生的学号、姓名、三门课程的成绩及平均成绩,并以函数形式实现以下功能:
① 读入学生的数据;
② 计算平均成绩;
③ 打印输出排序后的成绩表。

(5) 设有若干个人员的数据,其中有学生和教师。学生的数据中包括:编号、姓名、性别、职业、班级。教师的数据包括:编号、姓名、性别、职业、职务。可以看出,学生和教师所包含的数据是不同的。现要求把他们放在同一表格中,如表 10-2 所示。

表 10-2　学生和教师的数据

num	name	sex	job	class(班)	position(职务)
101	Li	f	s	501	
102	Wang	m	t		prof

(6) 口袋中有红、黄、蓝、白、黑 5 种颜色的球若干个。要从中取出 3 个球,问得到 3 种不同颜色球的可能取法,并打印出每种取法中 3 个球分别的颜色。

(7) 定义一个能够反映教师情况的结构体 teacher,包含教师姓名、性别、年龄、所在部门和薪水;定义一个能存放两个数据的结构体数组 teach,用以下数据初始化:{{"Mary", 'W',40,'Computer',1234},{"Andy",'M',55,'English',1834}};要求:分别用结构体数组 teach 和指针 p 输出各位教师的信息,写出完整定义、初始化、输出过程。

(8) 建立两个单向链表 a 和 b,然后从 a 中删除那些在 b 中存在的节点。

(9) 将两个带头节点的单链表连接成一个带头节点的单链表。

(10) 将不带头节点的单向链表节点数据域中的数据从小到大排序。即若原链表节点数据域从头至尾的数据为 10、4、2、8、6,排序后链表节点数据域从头至尾的数据为 2、4、6、8、10。

【练习题】

一、选择题

1. 若有以下的说明和语句,下面程序的输出结果是(　　)。

```
void main()
{ struct { char a[10];   int b; }x;
  printf("%d\n",sizeof(x));
}
```

　　A) 2　　　　　　　　B) 10　　　　　　　　C) 12　　　　　　　　D) 14

2. 设有以下说明语句,则叙述中正确的是(　　)。

```
typedef struct
{ int n;
  char ch[8];
}PER;
```

　　A) PER 是结构体变量名　　　　　　　B) PER 是结构体类型名

　　C) typedef struct 是结构体类型　　　　D) struct 是结构体类型名

3. 有以下说明和定义语句,对结构体变量成员的引用错误的是(　　)。

```
struct stu
{ int age;   char num[8];
};
struct stu s = {20,"200401"},  * p = &s;
```

　　A) (p++)->num　　　　　　　　　　B) p->num

　　C) p.num　　　　　　　　　　　　　D) s.age

4. 有以下定义,能输出字母 M 的语句是(　　)。

```
struct person { char name[9];
               int age;
             };
struct person class[10] = {"John",20,"Jacky",21,"Mary",17,"Adam",19};
```

  A) printf("%c\n",class[3].name);
  B) printf("%c\n",class[3].name[1]);
  C) printf("%c\n",class[2].name[1]);
  D) printf("%c\n",class[2].name[0]);

5. 设有以下定义,若变量均已正确赋初值,则错误的语句是(　　)。

```
struct {char mark[12];int num1;double num2;}t1,t2;
```

  A) t1=t2;　　　　　　　　　　　B) t2.num1=t1.num1;
  C) t2.mark=t1.mark;　　　　　　D) t2.num2=t1.num2;

6. 有以下程序,程序运行后的输出结果是(　　)。

```
#include
struct ord
{ int x,y;}dt[2] = {1,2,3,4};
main()
{ struct ord * p = dt;
    printf("%d,",++(p->x)); printf("%d\n",++(p->y));
}
```

  A) 1,2　　　　B) 4,1　　　　C) 3,4　　　　D) 2,3

7. 下面结构体的定义语句中,错误的是(　　)。
  A) struct ord {int x;int y;int z;}; struct ord a;
  B) struct ord {int x;int y;int z;} struct ord a;
  C) struct ord {int x;int y;int z;} a;
  D) struct {int x;int y;int z;} a;

8. 执行下面语句后的结果是(　　)。

```
enum weekday{sun,mon = 3,tue,wed,thu};
enum weekday day;
day = wed;
printf("%d\n",day);
```

  A) 5　　　　B) 6　　　　C) 4　　　　D) 编译时出错

9. 设有以下定义,若要使 p 指向 data 中的 a 域,正确的赋值语句是(　　)。

```
struck sk
{ int a;
  float b;
}data;
int * p;
```

A) p=&a; B) p=data.a; C) p=&data.a; D) *p=data.a;

10. 对于下面定义,不正确的叙述是（　　）。

```
union data
{ int i;
  char c;
  float f;
}a,b;
```

　　A) 可以在定义时对 a 初始化

　　B) 不能对变量 a 赋值,故 a=b 非法

　　C) 变量 a 所占内存的长度等于成员 f 的长度

　　D) 变量 a 的地址和它的成员地址都是相同的

二、程序填空

1. 功能：以下程序要求通过指针 p 输出数组中第三个元素的值。

```
typedef struct strA
{ int x;
  int y;
}strA;
/ *********** SPACE *********** /
【1】 arr[3] = {{12,25},{15,65},{32,36}};
/ *********** SPACE *********** /
【2】 p = arr;
/ *********** SPACE *********** /
printf(" % d\t % d\n",【3】);
```

2. 功能：使用结构体类型实现复数求和。

```
# include < stdio.h >
# include < stdlib.h >
typedef struct complex
{   int real;
    int image;
}complex;
int main(void)
{ / *********** SPACE *********** /
  【1】 x,y,z;
  / *********** SPACE *********** /
  scanf(" % d % d % d % d",【2】);
  z.real = x.real + y.real;
  z.image = x.image + y.image;
  printf(" % d\t % d\n",z.real,z.image);
  system("PAUSE");
  return 0;
}
```

3. 功能：统计 person 所指结构体数组中所有性别(sex)为 M 的记录的个数,存入变量 n 中,并作为函数值返回。

```
# include < stdio.h >
# define N 3
typedef struct
{ int num; char nam[10];char sex;
}SS;
int fun(SS person[])
{ int i,n = 0;
  for(i = 0;i < N;i++)
  / ********** SPACE ********** /
  if(【1】 == 'M')   n++;
  return n;
}
main()
{ SS W[N] = {{1,"AA",'F'},{2,"BB",'M'},{3,"CC",'M'}};
  int n;
  / ********** SPACE ********** /
  n = 【2】
  printf("n = % d\n",n);
}
```

4. 功能：有一结构体数组存有三人的姓名和年龄，以下程序输出三人中最年长者的姓名和年龄。

```
# include < iostream.h >
static struct man
{ char name[20];
  int age;
}person[] = {"li - ming",18,"wang - hua",19,"zhang - ping",20};
main()
{   struct man * p, * q;
    int old = 0;
    p = person;
    / ********** SPACE ********** /
    for(;【1】;p++)
    if(old < p - > age)
    / ********** SPACE ********** /
    {
        q = p;【2】
    }
    / ********** SPACE ********** /
    printf(" % s % d",【3】);
}
```

三、程序改错

1. 功能：用结构体保存一个学生的数据，并且输出。

```
# include < stdio.h >
/ ********** FOUND ********** /
student struct
{ long int num;
  char name[10];
```

```
  char sex;
}a = {89241, "zhang", 'M'};
main()
{  / ********** FOUND ********** /
   print("% ld % s % c", a.num, a.name, a.sex);
}
```

2. 功能：下面是一段有关结构体变量传递的程序。

```
# include < stdio.h >
struct student
{ int x;
  char c;
}a;
f(struct student b)
{ b.x = 20;
  / ********** FOUND ********** /
  b.c = y;
  printf("% d, % c", b.x, b.c);
}
main()
{  a.x = 3;
   / ********** FOUND ********** /
   a.c = 'a'
   f(a);
   / ********** FOUND ********** /
   printf("% d, % c", a.x, b.c);
   getch();
}
```

3. 功能：对 N 名学生的学习成绩按从高到低的顺序找出前 $m(m \leqslant 10)$ 名学生来并将这些学生数据存放在一个动态分配的连续存储区中，此存储区的首地址作为函数值返回。

```
# include < stdio.h >
# include < alloc.h >
# include < string.h >
# define N 10
typedef struct ss
{ char num[10];
  int s;
} STU;
STU * fun(STU a[], int m)
{ STU b[N], * t;
  int i,j,k;
  / ********** found ********** /
  t = (STU)calloc(sizeof(STU),m);
  for(i = 0; i < N; i++) b[i] = a[i];
  for(k = 0; k < m; k++)
    { for(i = j = 0; i < N; i++)
        if(b[i].s > b[j].s) j = i;
        / ********** found ********** /
```

```
            t(k) = b(j);
            b[j].s = 0;
        }
        return t;
}
main()
{   STU a[N] = {  {"A01",81},{"A02",89},{"A03",66},{"A04",87},
                  {"A05",77},{"A06",90},{"A07",79},{"A08",61},
                  {"A09",80},{"A10",71} };
    STU * pOrder;
    int i, m;
    printf("\n 请输入 m: ");
    scanf(" % d",&m);
    while( m > 10 )
    {   printf("\n 请输入 m: ");
        scanf(" % d",&m);
    }
    pOrder = fun(a,m);
    printf("前 % d 名的成绩是：\n",m);
    for(i = 0; i < m; i++)
       printf(" % s % d\n",pOrder[i].num, pOrder[i].s);
    free(pOrder);
}
```

4. 功能：通过指针 p 输出结构体变量 person。

```
# include < string.h >
main()
{   struct worker
    {   int num;
        Char name[20];
        int age;
    }person, * p;
    / ********** found ********** /
    p = person;
    / ********** found ********** /
    person = {100,"chenxi",23}
    printf(" % d % s % d",person.num,p -> name,( * p).age);
}
```

【实验指导】

第 1 题：

算法提示：

(1) 数组 day_tab 为非闰年各月天数。

(2) 根据 date.year％4＝＝0＆＆date.year％100！＝0 ‖ date.year％400＝＝0 条件，判断是否为闰年。

参考代码：

```c
#include <stdio.h>
struct
{   int year;
    int month;
    int day;
} date;
void main()
{   int i,days;
    int day_tab[13] = {0,31,28,31,30,31,30,31,31,30,31,30,31};
    printf("请输入年、月、日:");
    scanf("%d,%d,%d",&date.year,&date.month,&date.day);
    days = 0;
    for(i = 0;i < date.month;i++) days += day_tab[i];
    days += date.day;
    if((date.year % 4 == 0&&date.year % 100 != 0 ||
        date.year % 400 == 0)&&date.month >= 3)
      days += 1;
    printf("%d/%d是第 %dth 天 in %d.\n", date.month,
         date.day, days, date.year);
}
```

第 2 题:

算法提示:

(1) 定义结构体数组存放通讯录。

(2) 定义日期比较函数,$d1<d2$,返回负数;$d1>d2$,返回正数。

(3) 采用选择法排序。

参考代码:

```c
#include <stdio.h>
struct date
{   int year;
    int month;
    int day;
};
struct txllist
{   char name[20];
    struct date birthday;
    char tel[20];
}txl[50];
int bj(struct date d1,struct date d2)
{   if(d1.year != d2.year)return d1.year - d2.year;
    else if(d1.month != d2.month)return d1.month - d2.month;
    else return d1.day - d2.day;
}
void main()
{   int i,j,k;
    int n;
```

```
            struct txllist temp;
            scanf("%d",&n);
            for(i=0;i<n;i++)
                scanf("%s%d-%d-%d%s",txl[i].name,txl[i].birthday.year,
                &txl[i].birthday.month,&txl[i].birthday.day,txl[i].tel);
            for(i=0;i<n-1;i++)
            {
                k=i;
                for(j=i+1;j<n;j++)
                    if(bj(txl[i].birthday,txl[k].birthday)<0)  k=j;
                temp=txl[i];
                txl[i]=txl[k];
                txl[k]=temp;
            }
            for(i=0;i<n;i++)
                printf("%20s\t%04d-%02d-%02d%20s\n",txl[i].birthday.year,txl[i].birthday
            .month,txl[i].birthday.day,txl[i].tel);
        }
```

第 3 题：

算法提示：

（1）设计数据结构存储字母加密对照表。

（2）定义 struct table 型数组用于存储密码表。

（3）输入一个字符串，在密码表的 input 成员中查找每一个输入的字符，查找成功后使用对应的 output 成员加密输出，否则，原样输出源字符。

参考代码：

```
#include<stdio.h>
struct table
{   char input;      /* 存储输入的源字符 */
    char output;     /* 存储加密后的字符 */
};
void main()
{   char ch;
    int length,i;
    struct table encrypt[6]={'a','f','b','g','w','d',
                             'f','9','v','*','x','s'};
    while((ch=getchar())!='\n')
    {
        for(i=0;encrypt[i].input!=ch&&i<6;i++);
        if(i<6)
            putchar(encrypt[i].output);
        else
            putchar(ch);
    }
}
```

第 4 题：

算法提示：

(1) 定义一个结构体数组，其元素可由三个成员组成。

(2) 定义 4 个功能函数，考虑确定相关的功能和数据传递方式。

参考代码：

```
# include <stdio.h>
# define N 4
# define STUDENT struct student
STUDENT
{   int num;
    char name[16];
    int score[4];
};
void main()
{   STUDENT stu[N];
    void read(STUDENT * p, int n);
    void ave(STUDENT s[], int n);
    void sort(STUDENT s[], int n);
    void print(STUDENT * p, int n);
    read(stu,N);ave(stu,N);
    sort(stu,N);print(stu,N);
}
void read(STUDENT * p, int n)
{   int i,j;
    for(i = 0; i<n; i++,p++)
    {
        scanf("%d%s",&p->num, p->name);
        for(j=0;j<3;j++)
            scanf("%d",&p->score[j]);
    }
}
void ave(STUDENT s[], int n)
{   int i,j,sum;
    for(i = 0; i<n; i++)
    {
        for(j = sum = 0;j<3;j++)
            sum = sum + s[i].score[j];
        s[i].score[3] = sum/3;
    }
}
void sort(STUDENT s[], int n)
{   int i,j,k;
    STUDENT temp;
    for(i = 0; i<n-1; i++)
    {
        k = i;
        for(j = i+1;j<n;j++)
```

```
            if(s[k].score[3]< s[j].score[3]) k = j;
         if(k!= i)
         {
            temp = s[i];s[i] = s[k];s[k] = temp;
         }
      }
   }
   void print(STUDENT * p, int n)
   {    int i,j;
      for(i = 0; i < n; i++,p++)
      {
         printf("%d%16s",p->num, p->name);
         for(j = 0;j < 4;j++)
            printf("%6d",p->score[j]);
         printf("\n");
      }
   }
```

第 5 题:

算法提示:

(1) 定义结构体数组用于存放学生和教师的记录。

(2) 由于学生与教师包含的成员并不完全相同,可以考虑使用共用体作为结构体的成员。

参考代码:

```
# include <stdio.h>
struct
{   int num;
    char name[10];
    char sex;
    char job;
    union
    {   int banji;
        char position[10];
    }category;
}person[2];    /* 先设人数为 2 */
void main()
{    int i;
     for(i = 0;i < 2;i++)
     {
        scanf("%d %s %c %c", &person[i].num, &person[i].name,&person[i].sex,
&person[i].job);
        if(person[i].job == 'S')
            scanf("%d", &person[i].category.banji);
        else if(person[i].job == 'T')
            scanf("%s", person[i].category.position);
        else printf("输入错误!");
```

```
            }
      printf("\n");
      printf("No. name sex job class/position\n");
      for(i = 0;i < 2;i++)
          { if(person[i].job == 'S')
                printf(" % - 6d % - 10s % - 3c % - 3c % - 6d\n", person[i].num,
                      person[i].name,person[i].sex, person[i].job,
                      person[i].category.banji);
              else
                printf(" % - 6d % - 10s % - 3c % - 3c % - 6s\n",
                    person[i].num, person[i].name,
                    person[i].sex, person[i].job,
                    person[i].category.position);
          }
}
```

第 6 题：

算法提示：

(1) 可用穷举法。

(2) 三个球分别对应三层循环。

参考代码：

```
#include <stdio.h>
#include <stdlib.h>
void main()
{ enum color {red, yellow, blue, white, black};
  int   i, j, k, n, loop, pri;
  n = 0;
  for (i = red; i <= black; i++)
{ for (j = red; j <= black; j++)
    { if (i != j)
        { for (k = red; k <= black; k++)
            { if ((k != i) && (k != j))
                { n = n + 1;
                  printf(" % -4d", n);
                  for (loop = 1; loop <= 3; loop++)
                  { switch(loop)
                      { case 1: pri = i; break;
                        case 2: pri = j; break;
                        case 3: pri = k; break;
                        default: break;
                      }
                    switch(pri)
                    {
                      case red: printf(" % -10s", "红");break;
                      case yellow: printf (" % -10s","黄");break;
                      case blue: printf(" % -10s", "蓝");break;
```

```
                    case white: printf("%-10s","白"); break;
                    case black: printf("%-10s","黑"); break;
                    default: break;
                }
            }
            printf("\n");
        }
    }
}
printf("\n 总数:%5d\n", n);
system("pause");
}
```

第 7 题：

算法提示：

(1) 定义结构体数组存放初始化数据。

(2) 定义指向结构体数组的指针,利用结构体指针输出结构体数组中的数据。

参考代码：

```
#include<stdio.h>
struct  teacher
{   char   name[8];
    char  sex;
    int   age;
    char  department[20];
    float   salary;
};
struct teacher teach[2] = {{"Mary",'W',40,"Computer",1234},{"Andy",'M',55,"English",1834}};
main()
{ int i;
  struct teacher  * p;
  for(i=0;i<2;i++)
    printf("%s,\t%c,\t%d,\t%s,\t%f\n", teach[i].name,
        teach[i].sex,teach[i].age,teach[i].department,
        teach[i].salary);
  for(p=teach;p<teach+2;p++)
    printf("%s,\t%c,\t%d,\t%s,\t%f\n", p->name,p->sex, p->age,p->department,
p->salary);
}
```

第 8 题：

算法提示：

(1) crelink()函数采用首插法建立的不带头节点的单链表,List()函数遍历单链表。

(2) delab()实现从 a 中删除那些在 b 中存在的节点。

(3) 由于建立的单链表不带头节点，因此在删除节点时必须考虑删除第一个节点的情况。

参考代码：

```c
#include <stdlib.h>
#include <stdio.h>
typedef struct lnode
{ int data;
  struct lnode *next;
}LNODE, *LINK;
LINK crelink()
{ LINK head,p; int x;
  head = NULL;
  printf("请输入数据(-1:结束)\n");
  scanf("%d",&x);
  while(x!=-1)
  { p = (LINK)malloc(sizeof(LNODE));
    p->data = x;
    p->next = head;
    head = p;
    scanf("%d",&x);
  }
  return head;
}
LINK delab(LINK a,LINK b)
{ LINK p,q,r;
  q = a;
  while(q!=NULL)
  { r = b;                      /* 在b表中查找 */
    while(r!=NULL&&r->data!=q->data) r = r->next;
    if(r!=NULL)
      if(q==a)                  /* 要删除的是第一个节点 */
      { a = q->next;
        free(q);
        q = a;
      }
      else
      { p->next = q->next;
        free(q);
        q = p->next;
      }
    else
    { p = q;
      q = q->next;
    }
  }
  return a;
}
void list(LINK head)
```

```
    { LINK p = head;
      while(p != NULL)
      { printf(" % d ",p->data);
        p = p->next;
      }
      printf("\n");
    }
    void main()
    { LINK h1,h2;
      h1 = crelink();
      h2 = crelink();
      h1 = delab(h1,h2);
      list(h1);
    }
```

第 9 题：

算法提示：

(1) crelink()函数采用尾插法来建立带头节点的单链表，listhead()函数遍历单链表。

(2) concatlink()函数实现两个链表的连接，算法的基本思想是：依次遍历链表 h1，直至表尾，然后将 h1 表尾节点的指针域指向链表 h2 的首节点，即完成两个链表的连接操作。

参考代码：

```
# include < stdio.h >
# include < stdlib.h >
typedef struct lnode
{ int data;                          /* 节点数据域 */
  struct lnode * next;               /* 节点指针域 */
}lnode, * linklist;
linklist crelink(void)
/* 建立单链表函数,返回节点指针类型 */
{ linklist p,q,head; int x;
  /* 生成头节点,并使 p 指向该节点 */
  p = head = (linklist)malloc(sizeof(lnode));
  printf("请输入节点数据( -1 = End):\n");
  scanf(" % d",&x);
  while(x != -1)                     /* 以 -1 作为结束条件 */
  { q = (linklist)malloc(sizeof(lnode));
    q->data = x;
    p->next = q;                     /* 连接 q 节点 */
    p = q;          /* p 跳到 q 上,再准备连接下一个节点 q */
    scanf(" % d",&x);
  }
  p->next = NULL;                    /* 置尾节点指针域为空指针 */
  return head;                       /* 将已建立起来的单链表头指针返回 */
}
listhead(linklist head)              /* 带头节点链表的输出 */
```

```
{  linklist p = head->next;
   /* 从第一个数据节点出发,依次输出 */
   printf("链表是:\n");
   while(p!=NULL)           /* 各节点的值,直到遇到 NULL */
   {  printf("%5d",p->data);
      p = p->next;          /* p指针顺序后移一个节点 */
   }
   printf("\n");
}
linklist concatlink(linklist h1,linklist h2)
{  linklist p = h1;
   while(p->next!=NULL) p = p->next;
   p->next = h2->next;
   free(h2);
   return h1;
}
void main()
{  linklist h1,h2;
   h1 = crelink();
   listhead(h1);
   h2 = crelink();
   listhead(h2);
   h1 = concatlink(h1,h2);
   listhead(h1);
}
```

第 10 题：

算法提示：

(1) 使用两重 while 循环语句。

(2) 对链表的节点数据进行升序排序。

参考代码：

```
#include <stdio.h>
#include <stdlib.h>
#define N 6
typedef struct node
{  int data;
   struct node *next;
}NODE;
void fun(NODE *h)
{  NODE *p, *q; int t;
   p = h;
   while (p)
   {  q = p->next;
      while (q)
      {  if (p->data > q->data)
         {  t = p->data; p->data = q->data;
```

```
            q->data = t;
          }
          q = q->next;
       }
       p = p->next;
    }
}
NODE *creatlist(int a[])
{ NODE *h, *p, *q; int i;
  h = NULL;
  for(i = 0; i < N; i++)
  { q = (NODE *)malloc(sizeof(NODE));
    q->data = a[i];
    q->next = NULL;
    if (h == NULL) h = p = q;
    else { p->next = q; p = q; }
  }
  return h;
}
void outlist(NODE *h)
{ NODE *p;
  p = h;
  if (p == NULL) printf("链表为空!\n");
  else
  { printf("\nHead ");
    do
    { printf("->%d", p->data); p = p->next; }
    while(p != NULL);
    printf("->End\n");
  }
}
main()
{ NODE *head;
  int a[N] = {0, 10, 4, 2, 8, 6};
  head = creatlist(a);
  printf("\n原链表为:\n");
  outlist(head);
  fun(head);
  printf("\n转换后的链表为 :\n");
  outlist(head);
}
```

【练习题参考答案】

一、选择题

1~5 CBCDC   6~10 DBADB

二、程序填空

1. 【1】strA   【2】strA *   【3】(p+2)->x,(p+2)->y

2. 【1】complex 【2】&x.real,&x.image,&y.real,&y.image
3. 【1】person[i].sex 【2】fun(W);
4. 【1】p<person+3 【2】old=p->age; 【3】q->name,q->age

三、程序改错

1. 错误：student struct
   正确：struct student
   错误：print("%ld %s %c",a.num,a.name,a.sex);
   正确：printf("%ld %s %c",a.num,a.name,a.sex);
2. 错误：b.c=y;   正确：b.c='y';
   错误：a.c='a'   正确：a.c='a';
   错误：printf("%d,%c",a.x,b.c); 正确：printf("%d,%c",a.x,a.c);
3. 错误：t=(STU)calloc(sizeof(STU),m)
   正确：t=(STU*)calloc(sizeof(STU),m);
   错误：t(k)=b(j);
   正确：t[k]=b[j];
4. 错误：person={100,"chenxi",23}
   正确：person.num=100;strcpy(person.name,"chenxi");person.age=23;
   错误：p=person;
   正确：p=&person;

【拓展训练】

编写 m 只猴子选大王的程序：所有的猴子按 $1,2,\cdots,m$ 编号，围坐一圈，按 $1,2,3,\cdots,n$ 报数，报到 n 的猴子出列，直到圈内只剩一只猴子时，这只猴子就是大王。

要求：(1) m,n 由键盘输入。

(2) 输出猴王的号码。

1. 问题分析及算法设计

(1) 由于 m 只猴子围坐一圈，因此需要建立一个循环链表，即首尾相接的链表。

(2) 由于报到 n 的猴子出列，直到圈内只剩一个猴子，因此在循环链表中遍历 n 个节点，就要将其删除，反复进行，直到只剩一个节点，通过 p->hand==p 来判断是否循环链表中只剩下一个节点，该条件也是循环结束的标志。

2. 程序代码与程序注释

```
#include<stdio.h>
#include<stdlib.h>
typedef struct monkey
{   int no;
    struct monkey *hand;
}monk;
void main()
{   monk *list,*p,*q;
    int i,m,n;
```

```c
        printf("请输入猴子数 m 和报数号 n:");
        scanf("%d,%d",&m,&n);
        for(i=1;i<=m;i++)/*给每只猴子编号,并生成循环链表*/
        {   p=(monk *)malloc(sizeof(monk));
            p->no=i;
            if(i==1) list=p;
            else q->hand=p;
            q=p;
        }
        q->hand=list;
        p=list;            /*从第一个节点即第一只猴子开始*/
        while(p->hand!=p)  /*当链表中有一个以上的节点时执行*/
        {
            for(i=1;i<n;i++)
            {q=p; p=p->hand;}
            q->hand=p->hand;
            free(p);
            p=q->hand;
        }
        printf("大王的编号为%d\n", p->no);
    }
```

实验 11 编译预处理

【实验目的】

（1）掌握无参宏定义和有参宏定义的使用方法。
（2）理解文件包含的方法与执行过程。
（3）了解条件编译的方法和作用。

【实验内容】

（1）请用宏定义的方法编程实现，比较两个整数的大小。
（2）请用有参宏定义的方法编程实现从三个数中找到最大数。
（3）试定义一个有参宏 SWAP(x,y)，以实现两个整数之间的交换。
（4）试定义一个有参宏，编程实现从键盘输入三个数，然后，按其从大到小的顺序排序并输出。
（5）请编程实现，给年份 year 定义一个"宏"，用以判别该年是否为闰年。
（6）请用文件包含的方法实现。自定义文件名为 data.c，用以计算半径为 r 的圆的周长、面积和球的体积。
（7）请用条件编译的方法实现。当符号常量 X 被定义过时输出其平方，否者输出符号常量 Y 的平方。
（8）输入的一行英文字符，请利用条件编译的方法实现，将小写的英文字母转换为大写的英文字母并输出。

【练习题】

一、选择题

1. 下面有关 C 语言预处理的叙述中，正确的是（　　）。
　　A）C 语言中的预处理功能是指完成宏替换和包含文件的调用
　　B）预处理指令只能位于 C 语言源程序文件的首部
　　C）凡是 C 语言源程序中首行以 # 标识的控制行都是预处理指令
　　D）C 语言中的编译预处理就是对源程序进行初步的语法检查

2. 若有以下程序的宏定义：

```
#define  PI  3.1415926
#define  R   3
```

则 area＝PI * R * R 的值是(　　)。

    A) 3   B) 3.14.15926

    C) 3 * 3.1415926   D) 3.1415926 * 3 * 3

3. ＃define 能作简单的替代，用宏替代计算多项式 4 * x * x＋3 * x＋2 之值的函数 f，正确的宏定义是(　　)。

    A) ＃define f(x) 4 * x * x＋3 * x＋2

    B) ＃define f * 4x * x＋3 * x＋2

    C) ＃define f(a) (4 * a * a＋3 * a＋2)

    D) ＃define (4 * a * a＋3 * a＋2) f(a)

4. 从键盘输入数字 2 时，以下程序的输出结果是(　　)。

```
#define  A(a)   (a)*(a)*(a)
void main()
{ int x,y;
  scanf("%d",&x);
  y = A(x+2);
  printf("y= %d\n",y);
}
```

    A) y＝8   B) y＝16   C) y＝64   D) y＝4

5. 以下程序的输出结果是(　　)。

```
#include <stdio.h>
#define  M(x,y,z)   x*y+z
void  main()
{ int  a=1,b=2,c=3;
  printf("%d\n", M(a+b,b+c,c+a));
}
```

    A) 19   B) 17   C) 15   D) 12

6. 以下程序执行后的输出结果是(　　)。

```
#include <stdio.h>
#define  f(x)   x*x
void  main()
{ int i,j;
  i = f(8)/f(4);
  j = f(4+4)/f(2+2);
  printf("%d, %d\n",i,j);
}
```

    A) 64,28   B) 4,4   C) 4,3   D) 64,64

7. 下面的程序执行后,变量 a 的值是(   )。

```
#include <stdio.h>
#define SQR(x)  x*x
void main()
{ int a=10,k=2,m=1;
  a=SQR(k+m)/SQR(k+m);
  printf("%d\n",a);
}
```

  A) 10   B) 9   C) 1   D) 0

8. 以下 for 循环被执行了(   )次。

```
#include <stdio.h>
#define N    2
#define M    N+1
#define NUM  (M+3)*M/2
void main()
{ int i,n=0;
    for (i=0;i<=NUM;i++)   n++;
  printf("%d\n",n++);
}
```

  A) 13   B) 12   C) 11   D) 10

9. 下列关于文件包含的说法中错误的是(   )。

  A) ♯include 指令的作用是指示编译器将该指令的另一个源文件嵌入 ♯include 指令所在的程序中

  B) 包含命令中的文件名可以用双引号,也可以用括号括起来

  C) 一个 ♯include 命令只能指定一个被包含文件,若有多个文件要包含,则需要多个 include 命令

  D) 文件包含命令不允许嵌入其他文件中

10. 下列程序的输出结果是(   )。

```
#include <stdio.h>
#define N   2
#define M   100
void main()
{   int i=1;float x=1.5;
    #ifdef MA;
       printf("%d\n",i);
    #else;
       printf("%d\n",x*M);
    #endif
}
```

  A) 1   B) 15   C) 1.5   D) 150

二、程序填空

1. 功能:用宏定义的方法求两个正整数的余。

```
#include <stdio.h>
/*********** SPACE ***********/
#define MOD(a,b)   【1】
void main()
{  int a,b;
   printf("input 2 integer a,b:")
   scanf("%d,%d",&a,&b);
/*********** SPACE ***********/
   printf("%d\n",【2】);
}
```

2. 功能：定义一个有参宏将大写字母转换成小写字母。

```
#include <stdio.h>
/*********** SPACE ***********/
#define  a(x)   ((x)=(【1】)?(x+32):(x))
void main()
{ char c;
  c = getchar();
/*********** SPACE ***********/
     【2】
  printf("%c",c);
}
```

3. 功能：用宏定义的方法求三个整数中的最大数。

```
#include <stdio.h>
#define  MAX(a,b)   ((a>b)?(a):(b))
void main()
{ int a,b,c;
  printf("input 3 numbers: ");
  scanf("%d,%d,%d",&a,&b,&c);
/*********** SPACE ***********/
  printf("max = %d\n", MAX(【1】,【2】));
}
```

4. 功能：输入三角形三边 a,b,c，用有参宏定义的方法实现求三角形面积 S。

```
#include <stdio.h>
/*********** SPACE ***********/
       【1】
/*********** SPACE ***********/
#define  【2】    ((a+b+c)/2)
#define    S(a,b,c)     (sqrt(p(a,b,c) * (p(a,b,c) - a) *
                              (p(a,b,c) - b) * (p(a,b,c) - c)))
void main()
{ float a = 3, b = 4, c = 5;
  printf("%f", S(a,b,c));
}
```

三、程序改错

1. 功能：计算函数 $F(x,y,z)=(x+y)/(x-y)+(z+y)/(z-y)$ 的值。其中 x 和 y

的值不相等,z 和 y 的值不相等。例如,当 x 的值为 9,y 的值为 11,z 的值为 15 时,函数值为 -3.50。

```
# include < stdlib. h >
# include < stdio. h >
# include < math. h >
/ ********** FOUND ********** /
# define  FU(m,n)   (m/n)
float fun(float a, float b, float c)
{ float value;
  value = FU(a + b, a - b) + FU(c + b, c - b);
/ ********** FOUND ********** /
  return(Value);
}
void  main()
{ float x, y, z, sum;
  printf("Input x y z:");
  scanf(" % f % f % f",&x,&y,&z);
  printf("x = % f, y = % f, z = % f\n", x, y, z);
  if(x == y || y == z)
  { printf("Data error!\n");
    exit(0);
  }
  sum = fun(x, y, z);
  printf("The result is: % 5.2f\n", sum);
}
```

2. 功能:判断并输出 100~200 的所有素数。

```
/ ********** FOUND ********** /
# include < stdio. h >;
/ ********** FOUND ********** /
# include < math. h >;
ss(int m)
{  int i, t1 = 0, q;
   q = sqrt(m);
   for(i = 2; i < = q; i++)
   / ********** FOUND ********** /
   if(m % i == 0) break;
   if(i > = q + 1) t1 = 1;
   return(t1);
}
void main()
{   int i, t = 0;
    for(i = 100; i < = 200; i++)
    {
    / ********** FOUND ********** /
        t = ss(i)
        if(t == 1)printf(" % 4d", i);
    }
}
```

3. 功能：用有参宏定义的方法计算半径为 r 的圆内接正三角形和正方形的面积。

```
# include <stdio.h>
# include <math.h>
/ ********** FOUND ********** /
# define    S(r)    3.0*sqrt(3)*r*r/4
/ ********** FOUND ********** /
# define    Q(r)    2.0*r*r
void  main()
{   float  r;
    printf("input r:\n");
    / ********** FOUND ********** /
    scanf("%f",r);
    printf("%.2f\n", S(r));
    printf("%.2f\n", Q(r));
}
```

4. 功能：将字符串反序存放并在主函数中输入和输出该字符串。

```
/ ********** FOUND ********** /
# include <stdio.h>,<string.h>;
void  nx(char b[])
{   char c;
    int i,n;
    n = strlen(b);
    / ********** FOUND ********** /
    for(i = 0;i<n-1;i++,n-- )
    / ********** FOUND ********** /
    {   c = b[0];
        b[i] = b[n-1];
        b[n-1] = c;
    }
}
void main()
{   char a[80];
    scanf("%s",a);
    nx(a);
    printf("%s",a);
}
```

【实验指导】

第1题：

算法提示：

(1) 通过条件表达式：(a>b)？a:b 找到两数中的较大者。

(2) 利用有参宏定义：#define MAX(a,b) ((a>b)? a:b)实现宏名 MAX 表示。

(3) 利用有参宏调用：max=MAX(x,y)实现两数比较大小。

参考代码：

```c
# include < stdio.h >
# define MAX(a,b) (a>b)?a:b
void main()
{   int x,y,max;
    printf("input two numbers: ");
    scanf("%d%d",&x,&y);
    max = MAX(x,y);
    printf("max = %d\n",max);
}
```

第 2 题：

算法提示：

(1) 利用有参宏定义：#define MAX(a,b) ((a>b)? a:b)实现两个数比较大小。

(2) 利用宏定义嵌套形式层层替换，实现三个数比较大小。

参考代码：

```c
# include < stdio.h >
# define  MAX(a,b)   ((a>b)?(a):(b))
void  main()
{    int a,b,c;
    printf("input 3 numbers: ");
    scanf("%d,%d,%d",&a,&b,&c);
    printf("max = %d\n", MAX(MAX(a,b),c));
}
```

第 3 题：

算法提示：

(1) 通过在中间变量 t，实现两个参数 a,b 的交换。

(2) 利用宏定义：#define SWAP(a,b) t=a;a=b;b=t 实现宏名 SWAP 表示。

(3) 利用宏调用，SWAP(a,b)实现两个整数间的交换。

参考代码：

```c
# include < stdio.h >
# define  SWAP(a,b)    t = a;a = b;b = t
void main()
{    int t = 0, a,b;
    printf("input 2 number:a,b:");
    scanf("%d%d",&a,&b);
    SWAP(a,b);
    printf("output two number:a = %d,b = %d\n",a ,b);
}
```

第 4 题：

算法提示：

(1) 通过中间变量 t，实现 x 与 y 的交换。

(2) 利用有参宏定义,将交换结果用有参宏 MAX(x,y,t)表示。
(3) 利用条件判断 if 两两比较,小的就交换,从而实现从大到小排序输出。
参考代码:

```c
#include <stdio.h>
#define    MAX(x,y,t)    {t=x;x=y;y=t;}
void  main()
{    int a,b,c,t;
    printf("input 3  numbers: ");
    scanf("%d,%d,%d",&a,&b,&c);
    if(a<b)
        MAX(a,b,t);
    if(a<c)
        MAX(a,c,t);
    if(b<c)
        MAX(b,c,t);
    printf("%d,%d,%d\n",a,b,c);
}
```

第 5 题:
算法提示:
(1) 通过判断条件:(y%4==0)&&(y%100!=0)||(y%400==0)判断是否为闰年。
(2) 利用宏定义的形式为 #define LEAP(y) (y%4==0)&&(y%100!=0)||(y%400==0) 实现宏名表示。
(3) 判断并输出。
参考代码:

```c
#include <stdio.h>
#define  LEAP(y)  (y%4==0)&&(y%100!=0)||(y%400==0)
void  main()
{    int year;
    printf("please input one year:");
    scanf("%d",&year);
    if(LEAP(year))
        printf("%d is a leap year.\n",year);
    else
        printf("%d is not a leap year.\n",year);
}
```

第 6 题:
算法提示:
(1) 定义头文件 data.c,内容包括宏定义圆的周长、面积及体积。
(2) 利用文件包含命令,实现其在主文件中的调用。
参考代码:

```
/* data.c 文件的内容 */
# define PI      3.1415926
# define length(r)   2*PI*r
  # define area(r)      PI*r*r
  # define volume(r)   4*PI*r*r*r/3
  /* 主文件的内容 */
  # include <stdio.h>
  # include <data.c>
  void main()
  {   float  r;
      printf("input r:\n");
      scanf("%f",&r);
      printf("the circle's perimeter is %.2f\n", length(r));
      printf("the circle's area is %.2f\n", area(r));
      printf("the ball's volume is %.2f\n", volume(r));
  }
```

第 7 题：

算法提示：

(1) 利用宏定义两个标识符 X 和 Y。

(2) 利用条件编译（格式 1）的方法实现，如果 X 被定义过则编译程序段 a=X。

(3) 输出结果 a 的平方。

参考代码：

```
# include <stdio.h>
# define X   5
# define Y   8
void  main()
{   int a;
    # ifdef  X;
        a=X;
    # else
        a=Y;
    # endif
    printf("%d\n", a*a);
}
```

第 8 题：

算法提示：

(1) 定义一个字符串数组 HELLOword。

(2) 利用条件编译（格式 3）实现当常量表达式 LETTER 的值为真（LETTER=1）时，执行程序段 1。

(3) 程序段 1 将小写字母转换为大写字母。

参考代码：

```
# include <stdio.h>
# define  LETTER  1
```

```
void main()
{   char str[20] = "HELLOword", c;
    int i;
    for(i = 1;i < 20;i++)
    {
        c = str[i];
        # if    LETTER
            if (c >= 'a' && c <= 'z')
                c = c - 32;
        #else
            if (c >= 'A'&& c <= 'Z')
                continue;
        #endif
        printf("%c",c);
    }
}
```

【练习题参考答案】

一、选择题
1～5 CDCCD   6～10 ACADD

二、程序填空
1. 【1】(a%b)   【2】MOD(a,b);
2. 【1】x>='A'&&x<='Z'   【2】a(c);
3. 【1】MAX(a,b)   【2】c
4. 【1】#include <math.h>   【2】p(a,b,c)

三、程序改错
1. 错误：# define FU(m,n) (m/n)   正确：# define FU(m,n) (m)/(n)
   错误：return(Value);   正确：return(value);
2. 错误：#include <stdio.h>;   正确：#include <stdio.h>
   错误：#include <math.h>;   正确：#include <math.h>
   错误：if(m%i=0) break;   正确：if(m%i==0) break;
   错误：t=ss(i)   正确：t=ss(i);
3. 错误：#define S (r) 3.0 * sqrt(3) * r * r/4
   正确：#define S(r) 3.0 * sqrt(3) * r * r/4
   错误：#define Q (r) 2.0 * r * r   正确：#define Q(r) 2.0 * r * r
   错误：scanf("%f",r);   正确：scanf("%f",&r);
4. 错误：#include<stdio.h>,<string.h>
   正确：#include<stdio.h>
           #include<string.h>
   错误：for(i=0;i<n-1;i++,n--)   正确：for(i=0;i<n;i++,n--)
   错误：c=b[0];   正确：c=b[i];

实验 12 文件

【实验目的】

(1) 掌握文件和文件指针的概念以及文件的定义方法。
(2) 熟练掌握文件的打开/关闭及读/写等操作。
(3) 了解有关文件的函数。

【实验内容】

(1) 读入一个文本文件 ctest.txt，并在屏幕上输出。
(2) 从键盘输入一些字符，逐个把它们送到磁盘上去，直到输入一个"#"为止。
(3) 根据上题，在已经建立的文件 ctest.txt 中追加一个字符串。
(4) 有两个磁盘文件 A 和 B 各存放一行字母，要求把这两个文件中的信息合并，然后按照字母顺序排列，输出到一个新文件 C 中。
(5) 假设有 5 个学生，每个学生有 3 门课成绩，从键盘输入以上数据（包括学生号，姓名，3 门课分数），计算出平均分数，将原有的数据和计算出的平均分数存放在磁盘文件 stud 中。
(6) 从键盘输入 10 本书的数据，每本书的数据包括条形码、书名和价格，将每项数据分别写入文本文件 book.txt 和二进制文件 book.dat。
(7) 对 ctest.txt 文件内容进行统计，计算其中大、小写字母、空格和其他字符个数。
(8) 将文件 file1.txt 中的内容输出到屏幕上，并将其写到文件 file2.txt 中。

【练习题】

一、选择题

1. 下列关于 C 语言数据文件的叙述中正确的是（ ）。
   A) 文件由 ASCII 码字符序列组成，C 语言只能读写文本文件
   B) 文件由二进制数据序列组成，C 语言只能读写二进制文件
   C) 文件由记录序列组成，可按数据的存放形式分为二进制文件和文本文件
   D) 文件由数据流形式组成，可按数据的存放形式分为二进制文件和文本文件

2. C 语言中文件的存取方式是（   ）。
   A) 只能顺序存取   B) 只能随机存取

C) 可以顺序存取,也可以随机存取　　　D) 只能从文件的开头进行存取

3. 若 fp 已正确定义并指向某个文件,当未遇到该文件结束标志时函数 feof(fp)的值为(　　)。

  A) 0　　　　B) 1　　　　C) -1　　　　D) 一个非零值

4. 以下程序企图把从终端输入的字符输出到名为 abc.txt 的文件中,直到从终端读入字符 ♯ 号时结束输入和输出操作,但程序有错。

```
#include<stdio.h>
void main()
{ FILE *fout;
  char ch;
  fout = fopen('abc.txt','w');
  ch = fgetc(stdin);
  while(ch!= '♯')
  { fputc(ch,fout);
    ch = fgetc(stdin);
  }
  fclose(fout);
}
```

出错的原因是(　　)。

  A) 函数 fopen 调用形式错误　　　B) 输入文件没有关闭
  C) 函数 fgetc 调用形式错误　　　D) 文件指针 stdin 没有定义

5. 有以下程序,在方式串分别采用 wt 和 wb 运行时,两次生成的文件 TEST 的长度是(　　)。

```
#include<stdio.h>
void main()
{ FILE *fp = fopen('abc.txt','w');
  fputc('A',fp); fputc(\n,fp);
  fputc('B',fp); fputc(\n,fp);
  fputc('C',fp);
  fclose(fp);
}
```

  A) 7 字节,7 字节　　　B) 7 字节,5 字节
  C) 5 字节,7 字节　　　D) 5 字节,5 字节

6. fwrite 函数的一般调用形式是(　　)。

  A) fwrite(buffer,count,size,fp)
  B) fwrite(fp,size,count,buffer)
  C) fwrite(fp,count,size,buffer)
  D) fwrite(buffer,size,count,fp)

7. fseek 函数的正确调用形式是(　　)。

  A) fseek（文件指针,起始点,位移量）
  B) fseek（文件指针,位移量,起始点）
  C) fseek（起始点,位移量,文件指针）

D) fseek(位移量,起始点,文件指针)

8. 以下可以实现"从 fp 所指的文件中读出 29 个字符送入字符数组 ch 中"的语句是（　　）。
A) fgets(ch,20,fp)　　　　　　B) fgets(ch,30,fp)
C) fgets(fp,20,ch)　　　　　　D) fgets(fp,30,ch)

9. 在 C 语言中,可以把整形数以二进制形式存放到文件中的函数是（　　）。
A) fprintf()函数　　B) fread()函数　　C) fwrite()函数　　D) fputc()函数

10. 有以下程序,程序运行后输出结果是（　　）。

```
# include < stdio. h >
void  main()
{ FILE * fp;
  int i = 20, j = 30, k, n;
  fp = fopen("d1.dat","w");
  fprintf(fp," % d\n",i);
  fprintf(fp," % d\n" ,j);
  fclose(fp);
  fp = fopen("d1.dat", "r");
  fscanf(fp," % d % d",&k,&n);
  printf(" % d % d\n",k,n);
  fclose(fp);
}
```

A) 20 30　　　　B) 20 50　　　　C) 30 50　　　　D) 30 20

二、程序填空

1. 功能：将参数给定的字符串、整数、浮点数写到文本文件中,再用字符串方式从此文本文件中逐个读入,并调用库函数 atio 和 atof 将字符串转换成相应的整数、浮点数,然后将其显示在屏幕上。

```
# include < stdio. h >
# include < stdlib. h >
void fun(char * s, int a, double f)
{  / ********** SPACE ********** /
        【1】fp;
    char str[100], str1[100], str2[100];
    int a1; double f1;
    fp = fopen("file1.txt","w");
    fprintf(fp," % s % d % f\n",s ,a ,f);
   / ********** SPACE ********** /
        【2】;
    fp = fopen("file1.txt","r");
   / ********** SPACE ********** /
    fscanf( 【3】," % s % s % s",str,str1,str2);
    fclose(fp);
    a1 = atoi(str1);
    f1 = atof(str2);
    printf("\n The result :\n\n % s % d % f\n",str,a1,f1);
}
void main()
```

```
    {   char a[10] = "Hello!"; int b = 12345;
        double c = 98.76;
        fun(a,b,c);
    }
```

2. 功能：将自然数 1~10 及其平方根写到名为 myfile3.txt 的文本文件中，然后再顺序读出显示在屏幕上。

```
#include <math.h>
#include <stdio.h>
int fun(char * fname)
{   FILE * fp; int i,n;
    float x;
    if((fp = fopen(fname,"w")) == NULL)
    return 0;
    for(i = 1;i<= 10;i++)
    /********** SPACE **********/
    fprintf(【1】," % d % f\n",i,sqrt((double)i));
    printf("\nSucceed!!\n");
    /********** SPACE **********/
        【2】;
    printf("\n The data in file:\n");
    /********** SPACE **********/
    if((fp = fopen(【3】,"r")) == NULL)
        return0;
    fscanf(fp, " % d % f",&n,&x);
    while(!feof(fp))
    {   printf(" % d % f\n",n,x);
        fscanf(fp," % d % f",&n,&x);}
    fclose(fp);
    return 1;
}
void main()
{   char fname[] = "myfile3.txt";
    fun(fname);
}
```

3. 功能：将 100~200 之间的素数保存到文件 cdata.txt 中。

```
#include <stdio.h>
#include <stdlib.h>
#include <math.h>
void  main()
{   FILE * fp;
    int n,r,k;
    /********** SPACE **********/
    if((fp = fopen("cdata.txt","wb")) ==【1】)
    {
        printf("This file can not opened!");
        exit(0);
    }
```

```
        for(n = 101; n < 200; n = n + 2)
        {
            / ********** SPACE ********** /
            r =【2】
            for(k = 2; k <= r; k++)
                if(n % k == 0) break;
            if(k > r)
            {
                / ********** SPACE ********** /
                fwrite(&n,【3】,【4】,fp);
                printf(" % d",n);
            }
        }
        fclose(fp);
}
```

4. 功能：将文件 ctext1.txt 的内容输出到屏幕上并将其写到文件 text2.txt 中。

```
# include < stdio. h >
void main()
{   FILE * fp1, * fp2;
    char ch;
    fp1 = fopen("ctext1.txt","r");
    fp2 = fopen("ctext2.txt","w");
    ch = fgetc(fp1);
    / ********** SPACE ********** /
    while(【1】)
    {
        putchar(ch);
        ch = fgetc(fp1);
    }
    / ********** SPACE ********** /
    【2】
    ch = fgetc(fp1);
    while(!feof(fp1))
    / ********** SPACE ********** /
    {
        fputc(ch,【3】);
        ch = fgetc(fp1);
    }
    fclose(fp1);
    fclose(fp2);
}
```

三、程序改错

1. 功能：将形参给定的字符串、整数、浮点数写到文本文件中，再用字符方式从此文件中逐个读入并显示到终端屏幕上。

```
# include < stdio. h >
void fun(char * s, int a, double f)
{   FILE * fp;
```

```
            char ch;
            / ********** found ********** /
            fp = fopen("file1.txt", w);
            fprintf(fp," % s % d % f\n",s ,a ,f);
            / ********** found ********** /
            fclose(fp);
            / ********** found ********** /
            fp = fopen("file1.txt", r);
            printf("\nthe result :\n\n");
            ch = fgetc(fp);
            / ********** found ********** /
            while(!feof( * fp))
            {
                / ********** found ********** /
                putchar(fp);
                ch = fgetc(fp);
            }
            putchar('\n');
            fclose(fp);
        }
        void main()
        {   char a[10] = "Hello!";
            int   b = 12345;
            double c = 98.76;
            fun(a,b,c);
        }
```

2. 功能：从形参 filename 所指的文件中读入学生数据，并按学号从小到大排序后，再用二进制方式把排序后的学生数据输出到 filename 所指的文件中，覆盖原来的文件内容。

```
        # include < stdio. h >
        # define N 5
        typedef struct student
        { long sno;
          char name[10];
          float score[3];
        }stu;
        void   fun( char * filename)
        { FILE * fp;
          int i, j;
          stu s[N], t;
          fp = fopen(filename, "rb");
          / ********** found ********** /
          fread(fp, sizeof(stu), N, s);
          fclose(fp);
          for(i = 0;i < = N - 1;i++)
              for(j = i + 1;j < = N;j++)
                  / ********** found ********** /
                  if(s[i]. sno < s[j]. sno)
                  {
                      t = s[i]; s[i] = s[j]; s[j] = t;
```

```
        }
    fp = fopen(filename, "wb");
    /********** found **********/
    fwrite(s,sizeof(stu),N,*fp);
    fclose(fp);
    }
void main()
{   stu t[N] = { {10005,"zhangsan",95,80,88},
                 {10004,"lisi",85,80,70},
                 {10003,"wangwu",75,60,88},
                 {10002,"caokai",90,80,78},
                 {10001,"machao",95,92,77}
                },ss[N];
    int i,j;
    FILE *fp;
    fp = fopen("student.dat" "wb");
    fwrite(t,sizeof(stu),5,fp);
    fclose(fp);
    printf("\n\nthe original data:\n\n");
    for(j = 0;j < N;j++)
    {
        printf("\nNo: %ldName: %-8sScores:",t[j].sno,t[j].name);
        for(i = 0;i < 3;i++) printf(" %6.2f",t[j].score[i]);
        printf("\n");
    }
}
fun("student.dat")
{   printf("\n\nthe dataafter sorting:\n\n");
    fp = fopen("student.dat" "rb");
    fread(ss,sizeof(stu),5,fp);
    fclose(fp);
    for(j = 0;j < N;j++)
    {
        printf("No: %ldName: %-8sScores:",ss[j].sno,ss[j].name);
        for(i = 0;i < 3;i++) printf(" %6.2f",ss[j].score[i]);
            printf("\n");
    }
}
```

3. 功能：从键盘输入一批学生数据到文件 ctext.txt，然后从该文件中读出所有的数据并输出到屏幕。

```
#include <stdio.h>
#include <stdlib.h>
void main()
{   struct   student
    {
        char name[20];
        long num;
        float score;
    }stud;
```

```
        char numstr[81],ch;
        FILE  * fp;
        if ((fp = fopen("ctext.txt", "w")) == NULL)
        {
            printf("cannot open this file\n");
            exit(0);
        }
        printf("input student record(name,NO.,score):\n");
        do
        {   gets(stud.name);
            gets(numstr);
            stud.num = atol(numstr);
            gets(numstr);
            stud.score = atof(numstr);
            /********** FOUND **********/
            fwrite(stud,sizeof(stud),1,fp);
            printf("have another student record(y/n)?");
            ch = getchar();
            getchar();
            /********** FOUND **********/
        } while (ch = 'y');
        fclose(fp);
        if ((fp = fopen("ctext.txt","r")) == NULL)
        {
            printf("cannot open this file\n");
            exit(0);
        }
            /********** FOUND **********/
            while(fread(&stud,1,sizeof(stud),fp) == 1)
            printf(" % s, % ld, % f\n",stud.name,stud.num,stud.score);
            fclose(fp);
}
```

4. 功能：从键盘上输入格式数据到文件 ctext.txt 中,然后再从该文件中读出所有格式数据。

```
#include <stdio.h>
#include <stdlib.h>
#include <string.h>
void main()
{   FILE * fp;
    char name[20];
    int num,k;
    float score;
    /********** FOUND **********/
    if((fp = fopen(ctext.txt,"w")) == NULL)
    {
        printf("cannot open this file\n");
        exit(0);
    }
    printf("please input some students:name,num,score\n");
```

```
        / ********** FOUND ********** /
        scanf("%s%d%f",name,&num,&score);
        fprintf(fp,"%s%d%f",name,num,score);
        fclose(fp);
        / ********** FOUND ********** /
        if ((fp = fopen("ctext.txt","r")) = NULL)
        {
            printf("cannot open this file\n");
            exit(0);
        }
        / ********** FOUND ********** /
        k = fscanf("%s%d%f",name,&num,&score,fp);
        printf("get %d num from file: %s%d%f", k,name,num,score);
        fclose(fp);
}
```

【实验指导】

第 1 题：

算法提示：

(1) 定义文件指针 * fp，以只读方式打开文件 ctest.txt。

(2) 从指定的文件 ctest.txt 中读入一个字符（ch＝fgets(fp)），并存放在字符变量 ch 中。

(3) 循环显示输出（putchar(ch)）文件 ctest.txt 中的每一个字符。

参考代码：

```
#include<stdio.h>
#include<stdlib.h>
void main()
{   FILE * fp;
    char ch;
    if ((fp = fopen("ctest.txt","r")) = = NULL)   //只读方式打开文件
    {   printf("Cannot open this file\n ");
        exit(0);
    }
    ch = fgetc(fp);
    while(ch!= EOF) ;       //循环实现逐个读取字符并在显示器上输出
    {   putchar(ch);
        ch = fgetc(fp);
    }
    fclose(fp);
}
```

第 2 题：

算法提示：

(1) 定义文件指针 * fp，以写方式打开文件 filename。

（2）键盘读入一个字符（getchar()），循环（字符不为♯）把该字符写入文件 filename 之中。

（3）循环读取键盘输入的每个字符，直到文件指针已指向文件末。

参考代码：

```c
#include<stdio.h>
void  main()
{    FILE *fp;
     char ch,filename[10];
     scanf("%s",&filename);
     if((fp=fopen(filename,"w"))==NULL)
     {
          printf("Cannot open file\n");
          exit(0);}
     ch=getchar();
     while(ch!='♯')
     {
          fputc(ch,fp);
          putchar(ch);
          ch=getchar();
     }
     fclose(fp);
}
```

第 3 题：

算法提示：

（1）定义文件指针 *fp，以追加读写的方式打开文件 ctest.txt。

（2）从键盘上输入字符串，用 fputs() 函数把该串写入文件 ctest.txt 之中。

（3）用 rewind 函数将指针移到文件首，循环显示当前文件 ctest.txt 中的全部内容。

参考代码：

```c
#include<stdio.h>
void main()
{    FILE *fp;
     char ch,st[20];
     if((fp=fopen("ctest","a"))==NULL)
     {
          printf("Cannot open file strike any key exit!");
          getch();
          exit(1);
     }
     printf("input a string:\n");
     scanf("%s",st);
     fputs(st,fp);
     rewind(fp);
```

```
            ch = fgetc(fp);
            while(ch != EOF)
            {
                putchar(ch);
                ch = fgetc(fp);
            }
            printf("\n");
            fclose(fp);
}
```

第 4 题：

算法提示：

(1) 分别读取文件 A 和文件 B，存放在字符数组 $c[i]$ 中。
(2) 将合并的数组 $c[i]$ 中的字符串按字母顺序排序。
(3) 输出结果存放到一个新文件 C 里。

参考代码：

```
# include < stdio.h >
# include < stdlib.h >
void  main()
{   FILE * fp;
    int i,j,n,il;
    char c[200],t,ch;
    if((fp = fopen("A","r")) == NULL)         /* 只读打开文件 A */
    {
        printf("\ncan not open file!");
        exit(0);
    }
    for(i = 0;(ch = fgetc(fp)) != EOF;i++)
    {
        c[i] = ch;
        putchar(c[i]);
    }
    fclose(fp);
    if((fp = fopen("B","r")) == NULL)         /* 只读打开文件 B */
    {
        printf("\ncan not open file!");
        exit(0);
    }
    il = i;
    for(i = il;(ch = fgetc(fp)) != EOF;i++)
    {
        c[i] = ch;
        putchar(c[i]);
    }
    fclose(fp);
    n = i;
```

```
        for(i = 0;i < n;i++)                    /*合并*/
        for(j = i + 1;j < n;j++)
        if(c[i]>c[j])
        {
            t = c[i]; c[i] = c[j]; c[j] = t;
        }
        fp = fopen("C","w");      /*写入文件C*/
        for(i = 0;i < n;i++)
        putc(c[i],fp);
        fclose(fp);
    }
```

第 5 题：

算法提示：

(1) 定义结构体 student,循环输入学生数据。

(2) 以写方式打开文件 stud,循环写入 fwrite()二进制文件。

(3) 以只读方式打开文件 stud,连续读出 fread()二进制文件,显示输出学生数据。

参考代码：

```
#include<stdio.h>
struct student
{   char num[6];
    char name[8];
    int score[8];
    float avr;
}stu[5]
void main()
{   int i,j,sum;
    FILE * fp;
    for(i = 0;i < 5;i++)
    {
        printf("please input score of student %d:\n",i + 1);
        printf("stuno: ");
        scanf("%s",stu[i].num);
        printf("name: ");
        scanf("%s",stu[i].name);
        sum = 0;
        for(j = 0;j < 3;j++)
        {
            printf("score %d:\n",j + 1);
            scanf("%d",&stu[i].score[j]);
            sum += stu[i].score[j];
        }
        stu[i].avr = sum/3.0;
        fp = fopen("stud","w");
        for(i = 0;i < 5;i++)
        if(fwrite(&stu[i],sizeof(struct student),1,fp) != 1)
```

```
        printf("This file write error\n");
        fclose(fp);
    fp = fopen("stud","r");
    printf("no name   score1   score2   score3   average\n");
    for(i = 0;i < 5;i++)
    {
        fread(&stu[i],sizeof(struct student),1,fp);
        printf(" % 6s % 8s % 8d % 8d % 8d % 10.2f\n",stu[i].num,stu[i].name,
            stu[i].score[0],stu[i].score[1],stu[i].score[2],stu[i]avr);
    }
}
```

第6题：

算法提示：

(1) 依题意定义结构体类型 BOOK 表示有关书的信息。
(2) 定义文件指针 * fp，以只写方式打开文件 book.txt。
(3) 循环输入，利用函数 fwrite()将数组元素 $b[i]$ 写入文件 book 中。

参考代码：

```
# include < stdio.h >
# include < stdlib.h >
typedef struct book
{ char ISDN[20];
  char name[20];
  float price;
} BOOK;
# define N 10
void  main()
{ BOOK b[N];
  int i;
  FILE * fp;
  if((fp = fopen("book.txt","wb")) == NULL)
  { printf("This file can\'t open!\n");
    exit(0);
  }
  for(i = 0;i < N;i++)
  {
    scanf(" % s % s % d",b[i].ISDN,b[i].name,&b[i].price);
    /* 将数组元素 b[i]写入文件中 */
    fwrite(&b[i],sizeof(BOOK),1,fp);
  }
  fclose(fp);
}
```

第7题：

算法提示：

(1) 定义文件指针 * fp，以只读方式打开文件 ctest.txt。

(2) 利用函数 fscanf()格式化取出的数据赋值给指定变量 in。
(3) 循环判断,利用 C 语言提供的标准库函数:islower(in)、isupper(in)和 isspace(in)分别检查文件中相应的小写字母,大写字母和空格的个数。

参考代码:

```
# include <stdio.h>
# include <ctype.h>
# include <stdlib.h>
void main()
{   FILE  *fp;
    char  in;
    int up,low,space,other;
    fp = fopen("ctest.txt","r");
    if(fp == NULL)
    {
       printf("Cannot open this file");
       exit(0);
    }
    up = low = space = other = 0;
    while(fscanf(fp," % c",&in) != EOF)
    {
       putchar(in);
       if(islower(in))    low++;
       else if(isupper(in)) up++;
       else if(isspace(in))   space++;
       else   other++;
    }
    fclose(fp);
    printf("\nup = % dlow = % dspace = % dother = % d\n",up,low,space,other);
}
```

第 8 题:

算法提示:
(1) 定义文件指针 * fp1 和 * fp2,分别打开文件 file1 和 file2。
(2) 利用函数 fgetc(fp1)从文件 file1 中读取字符并将内容循环输出到屏幕上。
(3) 利用 rewind()函数将文件指针移到开始处,将 file1 内容写到 file2 中。

参考代码:

```
# include <stdio.h>
void main()
{   FILE * fp1, * fp2;
    char ch;
    fp1 = fopen("file1.txt","r");
    fp2 = fopen("file2.txt ","w");
    ch = fgetc(fp1);
    while(!feof(fp1))           //将文件 file1 内容循环输出到屏幕上
```

```
        {
            putchar(ch);
            ch = fgetc(fp1);
        }
        rewind(fp1);              //将文件 file1 的指针移到到开始处
        ch = fgetc(fp1);
        while(!feof(fp1))         //将文件 file1 内容写到 file2 中
        {
            fputc(ch,fp2);
            ch = fgetc(fp1);
        }
        fclose(fp1);
        fclose(fp2);
    }
```

【练习题参考答案】

一、选择题

1~5 DCAAB   6~10 DBBCA

二、填空题

1. 【1】file *   【2】fclose(fp)   【3】fp
2. 【1】fp   【2】fclose(fp)   【3】fname
3. 【1】null   【2】sqrt(n);   【3】sizeof(int)   【4】1
4. 【1】!feof(fp1) 【2】rewind(fp1);   【3】fp2

三、程序改错

1. 错误：fp=fopen("file1.txt", w);   正确：fp=fopen("file1.txt","w");
   错误：fp=fopen("file1.txt", r);   正确：fp=fopen("file1.txt","r");
   错误：while(!feof(*fp);   正确：while(!feof(fp));
   错误：putchar(fp);   正确：putchar(ch);
2. 错误：fread(fp,sizeof(stu),N, s);   正确：fread(s,sizeof(stu),N,fp);
   错误：if(s[i].sno<s[j].sno)   正确：if(s[i].sno>s[j].sno)
   错误：fwrite(s,sizeof(stu),N,*fp);   正确：fwrite(s,sizeof(stu),N,fp);
3. 错误：fwrite(stud,sizeof(stud),1,fp); 正确：fwrite(&stud,sizeof(stud),1,fp);
   错误：while (ch='y');   正确：while (ch=='y');
   错误：fread(&stud, 1, sizeof(stud),fp) ==1
   正确：fread(&stud,sizeof(stud),1,fp)==1
4. 错误：fp=fopen(ctext.txt,"w")   正确：fp=fopen("ctext.txt","w")
   错误：fopen("ctext.txt","r"))=NULL
   正确：fopen("ctext.txt","r"))==NULL
   错误：fscanf("%s %d %f"name,&num,&score,fp)
   正确：fscanf(fp,"%s %d %f",name,&num,&score)

第二部分　实验的答　179

```
putchar(ch);
ch=fgetc(fp1);
}
rewind(fp1);           //将文件指针移到文件的开头
ch=fgetc(fp1);
while(!feof(fp1))      //将文件file1的内容复制到file2中
{
fputc(ch,fp2);
ch=fgetc(fp1);
}
fclose(fp1);
fclose(fp2);
}
```

【练习题参考答案】

一、选择题
1~5 DCAAB　　　　　　　6~10 DBBCA

二、填空题
1. [1] file *　　　　　　　[2] fclose(fp)　　　　　　[3] fp
2. [1] fp　　　　　　　　 [2] fclose(fp)　　　　　　[3] fname
3. [1] null　　　　　　　 [2] sqrt(n)　　　　　　　 [3] sizeof(int)　　[4] ?
4. [1] !feof(fp1)　　　　　[2] rewind(fp1);　　　　　[3] fp2

三、程序改错

1. 错误：fp=fopen("file1.txt","w");　　　　　　正确：fp=fopen("file1.txt","w");
   错误：fp=fopen("file1.txt","r");　　　　　　 正确：fp=fopen("file1.txt","r");
   错误：while(!feof = fp)　　　　　　　　　　 正确：while(!feof(fp));
   错误：putchar(p);　　　　　　　　　　　　　　正确：putchar(ch);
2. 错误：fread(p,sizeof(stu),N,s);　　　　　　　正确：fread(&s,sizeof(stu),N,fp);
   错误：if(s[i].sno<s[i].sno)　　　　　　　　　正确：if(s[i].sno<s[j].sno)
   错误：fwrite(s,sizeof(stu),N,*,fp);　　　　　正确：fwrite(s,sizeof(stu),N,fp);
3. 错误：fwrite(stud,sizeof(stud),1,fp);　　　　正确：fwrite(&stud,sizeof(stud),1,fp);
   错误：while(ch=='y');　　　　　　　　　　　　正确：while(ch=='y');
   错误：fread(&stud,1,sizeof(stud),fp)==1　　　正确：fread(&stud,sizeof(stud),1,fp)==1
4. 错误：fp=fopen(ctext,txt,"w");　　　　　　　 正确：fp=fopen("ctext.txt","w");
   错误：fopen("ctext.txt","r")=NULL　　　　　　正确：fopen("ctext.txt","r")==NULL
   错误：fscanf("%s %d %f",name,&num,&score,fp);正确：fscanf(fp,"%s %d %f",name,&num,&score);
```
```

第三部分 综合训练

魯迅全集　第三卷

3.1 综合练习及参考答案

一、选择题

1. C 语言中下列叙述正确的是（　　）。
   A）不能使用 do-while 语句构成的循环
   B）do-while 语句构成的循环，必须用 break 语句才能退出
   C）do-while 语句构成的循环，当 while 语句中的表达式值为非零时结束循环
   D）do-while 语句构成的循环，当 while 语句中的表达式值为零时结束循环

2. 以下选项中属于 C 语言的数据类型是（　　）。
   A）复数型　　　　B）逻辑型　　　　C）双精度型　　　　D）集合型

3. 下列描述中不正确的是（　　）。
   A）字符型数组中可以存放字符串
   B）可以对字符型数组进行整体输入、输出
   C）可以对整型数组进行整体输入、输出
   D）不能在赋值语句中通过赋值运算符＝对字符型数组进行整体赋值

4. 以下程序的输出结果是（　　）。

```
main()
{ int  x=10,y=10,i;
  for(i=0;x>8 ;y=++i)
    printf("%d   %d ",x--,y);
}
```

   A) 10 1 9 2　　　B) 9 8 7 6　　　C) 10 9 9 0　　　D) 10 10 9 1

5. 以下程序的输出结果是（　　）。

```
main()
{   char   a[10]={'1','2','3','4','5','6','7','8','9',0},*p;
    int i;
    i=8;
    p=a+i;
    printf("%s\n",p-3);
}
```

   A) 6　　　　　　B) 6789　　　　C) '6'　　　　　D) 789

6. 能正确表示 a 和 b 同时为正或同时为负的逻辑表达式是（　　）。
   A) (a>=0 ∥ b>=0)&&(a<0 ∥ b<0)
   B) (a>=0&&b>=0)&&(a<0&&b<0)
   C) (a+b>0)&&(a+b<=0)
   D) a*b>0

7. 以下程序的输出结果是（　　）。

```
main()
```

```
{ int n=4;
  while(n--)printf("%d  ", --n);
}
```

  A) 2 0   B) 3 1   C) 3 2 1   D) 2 1 0

8. 以下程序的输出结果是( )。

```
main()
{ int k=17;
  printf("%d,%o,%x\n",k,k,k);
}
```

  A) 17,021,0x11   B) 17,17,17
  C) 17,0x11,021   D) 17,21,11

9. 若有说明: "long *p,a;",则不能通过 scanf 语句正确读入数据的程序段是( )。
  A) *p=&a;scanf("%ld",p);
  B) p=(long *)malloc(8);scanf("%ld",p);
  C) scanf("%ld",p=&a);
  D) scanf("%ld",&a);

10. 以下选项中,能定义 s 为合法的结构体变量的是( )。
  A) typedef struct abc   B) struct
   { double a;   { double a;
     char b[10];   char b[10];
   } s;   }s;
  C) struct ABC   D) typedef ABC
   { double a;   { double a;
     char b[10];   char b[10];
   }   }
   ABC s;   ABC s;

11. 请读程序:

```
#include<stdio.h>
void main()
{ int a,b;
  for(a=1,b=1; a<=100; a++) {
    if(b>=20)  break;
    if(b%3==1) { b+=3;continue; }
    b-=5;
  }
  printf("%d\n", a);
}
```

上面程序的输出结果是( )。
  A) 7   B) 8   C) 9   D) 10

12. 请选出合法的 C 语言赋值语句( )。
  A) a=b=58   B) i++;

C) a=58,b=58　　　　　　　　D) k=int(a+b);

13. 请选出可用作 C 语言用户标识符的一组标识符（　　）。

　　① void　　　　② a3_b3　　　　③ For　　　　④ 2a
　　　define　　　　　_123　　　　　_abc　　　　　DO
　　　WORD　　　　　IF　　　　　　case　　　　　sizeof

　　A) ①　　　　B) ②　　　　C) ③　　　　D) ④

14. 若 x 和 y 都是 int 型变量，x=100、y=200，且有下面的程序片段

```
printf("%d",(x,y));
```

上面程序片段的输出结果是（　　）。

　　A) 200
　　B) 100
　　C) 100 200
　　D) 输入格式符不够，输出不确定的值

15. 若 x 是 int 型变量，且有下面的程序片段

```
for(x=3;x<6;x++)   printf((x%2)?("**%d"):("##%d\n"),x);
```

上面程序片段的输出结果是（　　）。

　　① **3　　　　② ##3　　　　③ ##3　　　　④ **3##4
　　　##4　　　　　**4　　　　　**4#5　　　　　**5
　　　**5　　　　　##5

　　A) ①　　　　B) ②　　　　C) ③　　　　D) ④

16. 若 x 是整型变量，pb 是基类型为整型的指针变量，则正确的赋值表达式是（　　）。

　　A) pb=&x;　　B) pb=x;　　C) *pb=&x;　　D) *pb=*x

17. 若要用下面的程序片段使指针变量 p 指向一个存储整型变量的动态存储单元，

```
int *p; p = _____ malloc(sizeof(int));
```

则应填入（　　）。

　　A) int　　　B) int *　　　C) (*int)　　　D) (int *)

18. 若有以下说明和语句，请选出哪个是对 c 数组元素的正确引用。（　　）

```
int c[4][5],(*cp)[5];
cp = c;
```

　　A) cp+1　　B) *(cp+3)　　C) *(cp+1)+3　　D) *(*cp+2)

19. 若执行下面的程序时从键盘上输入 3 和 4，

```
main()
{  int a,b,s;
   scanf("%d %d",&a,&b);
   s=a;
   if(a<b)s=b;
   s=s*s;
```

```
        printf("%d\n",s);
}
```
则输出是(　　)。

　　A) 14　　　　　B) 16　　　　　C) 18　　　　　D) 20

20. 设 a、b 和 c 都是 int 型变量，且 $a=3$、$b=4$、$c=5$，则下面的表达式中，值为 0 的表达式是(　　)。

　　A) 'a'&&'b'　　　　　　　　　B) a<=b
　　C) a||+c&&b-c　　　　　　　D) !((a<b)&&!c||1)

21. 设 int n,p=0;，与语句 if(n!=0) p=1;等价的是(　　)。

　　A) if(n) p=1;　　　　　　　　B) if(n=1) p=1;
　　C) if(n!=1) p=1;　　　　　　 D) if(!n) p=1;

22. C 语言中文件的存储方式是(　　)。

　　A) 只能顺序存取
　　B) 只能随机存取
　　C) 可以顺序存取，也可以随机存取
　　D) 只能从文件的开头进行存取

23. 若有以下定义：

```
struct  student
{ char st[12];  int m;  float sr; } stu;
```

则 stu 在内存中所占的字节数是(　　)。

　　A) 12　　　　　B) 18　　　　　C) 4　　　　　D) 2

24. 若有下面的程序段：

```
char s[ ]="china",char *p; p=s;
```

则下列叙述正确的是(　　)。

　　A) s 和 p 完全相等
　　B) 数组 s 中的内容和指针变量 p 中的内容相同
　　C) s 数组长度和 p 所指向的字符串长度相等
　　D) *p 与 s[0]相等

25. 若有说明：int a[ ][3]={1,2,3,4,5,6,7,8,9,10};则 a 数组第一维的大小是(　　)。

　　A) 2　　　　　B) 3　　　　　C) 4　　　　　D) 6

26. 如有定义：int n, m[ ][3]={{1,2,3},{2,3,4},{3,4,5}};
则下面的语句：for(n=0; n<3; n++) prinf("%2d",m[n][2-n]);的输出结果是(　　)。

　　A) 1 2 3　　　　B) 2 3 4　　　　C) 3 4 5　　　　D) 3 3 3

27. 设 int a=25;则 printf("\n%d", a>>2);的输出结果是(　　)。

　　A) 6　　　　　B) 8　　　　　C) 12　　　　　D) 9

28. 以下程序的输出结果是(　　)。

```
#define  add(u)   u*u
```

```
main()
    {int sum, a = 3;  sum = add(a + 1);
        printf("%d\n",sum);  }
```

A) 7 B) 16 C) 9 D) 12

29. 若有以下程序段(　　)。

```
main()
{ int x = 2,y = 4;
    printf("%d%3d\n",(y++,++x),++x);}
```

运行该程序的输出结果是(　　)。

A) 4 3 B) 3 4 C) 4 4 D) 3 3

30. 以下对指针的操作中不正确的是(　　)。

A) int *p,q; p=&q;
B) int *p,*q; p=q=NULL;
C) int a=5,*p,*q; p=q=&a;
D) int a=5,*p; p=a;

二、写出以下程序的运行结果

1. 有以下程序：

```
main()
{ int x = 100, a = 10, b = 20, ok1 = 5, ok2 = 0;
  if(a<b)
    if(b!=15)
      if(!ok1)  x = 1;
      else if(ok2) x = 10;
  x = -1;
  printf("%d\n",x);
}
```

该程序的输出结果是(　　)。

2. 有以下程序：

```
void prtv(int *x)
{ printf("%d\n",++*x);  }
main()
{ int a = 25;  prtv(&a); }
```

该程序的输出结果是(　　)。

3. 有以下程序：

```
int f(int b[], int n)
{   int i,r = 1;
    for(i = 0;i<=n;i++) r = r*b[i];
    return r;
}
main()
{   int x,a[] = {2,3,4,5,6,7,8,9};
    x = f(a,3);
    printf("%d",x);
}
```

该程序运行后的输出结果是(　　)。

4. 有以下程序：

```
#include<stdio.h>
main()
{ int i=10,j=10;
  printf("%d,%d\n",++i,j--);
}
```

该程序的输出结果是(　　)。

5. 有如下程序：

```
#include<stdio.h>
union pw
{ int i; char ch[2];   }a;
main()
{ a.ch[0]=13;
  a.ch[1]=0;
  printf("%d\n",a.i);
}
```

程序的输出结果是(注意：ch[0]在低字节，ch[1]在高字节)(　　)。

6. 有以下程序：

```
main()
{ int c;
  while((c=getchar())!='\n')
  { switch(c-'2')
    { case 0: case 1: putchar(c+4);
      case 2:putchar(c+4);break;
      case 3:putchar(c+3);
      default:putchar(c+2);break;
    }
  }
}
```

从第一列开始输入以下数据，✓代表一个回车符。

2473✓

该程序的输出结果是(　　)。

7. 有以下程序：

```
#include<stdio.h>
int k=3;
fun(int  p)
{ static int t=1;
  t+=p+k;
  return(t);
}
main()
{ int a=2,k=3;
```

```
        printf("%d\n",fun(a+fun(k)));
}
```
该程序的输出结果是(   )。

8. 有以下程序：
```
main()
{ char *s = "12134211";   int v[4] = {0,0,0,0},k,i;
  for(k = 0;s[k];k++)
  { switch(s[k])
    { case '1':i = 0;
      case '2':i = 1;
      case '3':i = 2;
      case '4':i = 3;
    }
    v[i]++;
  }
  for(k = 0; k < 4;k++)  printf("%d  ",v[k]);
}
```
该程序的输出结果是(   )。

9. 有以下程序：
```
main()
{ int a[3][3] = {{1,2},{3,4},{5,6}}, i,j,s = 0;
  for(i = 1; i < 3; i++)
  for(j = 0; j <= i; j++)
  s += a[i][j]];
  printf("%d\n",s);
}
```
该程序的输出结果是(   )。

10. 有以下程序：
```
#define  SQR(X)   X*X
main()
{ int a = 16,k = 2,m = 1;
  a/= SQR(k+m)/SQR(k+m);
  printf("%d\n",a);
}
```
该程序的输出结果是(   )。

三、程序填空

1. 功能：下面程序将已经存在的文件 file1 打开，先显示在屏幕上，再将其复制到 file2 文件中。

```
#include <stdio.h>
#include <stdlib.h>
void main()
{    FILE *fp1, *fp2;
     fp1 = fopen("file1","r");
```

```
    fp2 = fopen("file2","w");
    while(!feof(fp1)) putchar(fgetc(fp1));
    /*********** SPACE *********** /
    【1】  【2】
    while(!feof(fp1))
    fclose(fp1);
    fclose(fp2);
}
```

2. 功能：结构数组中存有三个联系人的姓名和年龄，以下程序输出三个联系人中年龄最大的联系人的姓名和年龄。

```
struct contact{
  char name[30];
  int age;
}PER[3] = {{"liming",18},{"wang-hua",19},{"zhang-ping",20}};
main()
{ struct contact * p, * q;
int old = 0;
p = PER;
/*********** SPACE *********** /
for(;【1】;p++)
if(old < p -> age){q = p;old = p -> age}
printf("%s,%d",q -> name,q -> age);
}
```

3. 功能：找出 200～300 既能被 3 整除又能被 5 整除的第一个数。

```
main()
{ int n;
  for(n = 200;n <= 300;n++)
    if(n % 3 == 0&&n % 5 == 0)
    {
       printf("n = %d",n);
       /*********** SPACE *********** /
       【1】;
    }
}
```

4. 功能：使用指针数组编写程序，从键盘输入一个星期几（例如 7），则程序输出对应星期几的英文名字（Sunday）。

```
#include < stdio.h >
#include < string.h >
char * day_name(int n);      /* 英文星期几函数的原型声明 */
void main()
{ int n;
  char * pointer;
  printf("pleaseenteranumberofweek\n");
  scanf("%d",&n);
  pointer = day_name(n);
  printf("DayNo:%2d-->%s\n",n,pointer);
```

}
char * day_name(int n)   /* 英文星期几函数的定义 */
{ static char * english_name[] = {"illegalday","Monday",
  "Tuesday","Wednesday","Thursday","Friday","Saturday","Sunday"};
  if(n<1 || n>7) return(english_name[0]);
  else
  /*********** SPACE ***********/
  return(【1】);
}

5. 功能：使用指针编写程序，按照正反两个顺序打印一个字符串。

```
#include <stdio.h>
void main()
{ char * p_string1, * p_string2;
  p_string1 = "computerlanguage";
  /*定义字符指针变量并且指向一个字符串*/
  p_string2 = p_string1;
  while( * p_string2 != '\0')         /* 正序输出字符串 */
  /*********** SPACE ***********/
  putchar(【1】);
  putchar('\n');
  while( -- p_string2 >= p_string1)   /* 反序输出字符串 */
  putchar( * p_string2);
  putchar('\n');
}
```

6. 功能：下面程序的功能是，将字符数组 s2 中的全部字符复制到字符数组 s1 中，不用 strcpy 函数。

```
#include <stdio.h>
#include <string.h>
void main()
{ char s1[80],s2[80];
  int i;
  scanf("%s",s2);
  for(i = 0;i <= strlen(s2);i++)
  /*********** SPACE ***********/
  【1】
  printf("复制字符串为:%s\n",s1);
}
```

四、编写 C 语言程序

1. 写一个判别素数的函数，在主函数输入一个整数，输出是否素数的信息。

2. 定义一个函数，根据给定三角形的三条边长，函数返回三角形面积。

3. 编程解决以下问题：有五个人坐在一起，问第五个人多少岁，他说比第四个人大 2 岁，问第四个人多少岁，他说比第三个人大 2 岁，问第三个人多少岁，他说比第二个人大 2 岁，问第二个人多少岁，他说比第一个人大 2 岁，问第一个人多少岁，他说 10 岁，问第五个人多少岁？

4. 从键盘输入两个字符串分别存入数组 at 和 bt 中，然后将 bt 逆序连接到 at 中，并输出 at。

【综合练习参考答案】

一、选择题
1～5 DCCDB 6～10 DADAB 11～15 BBBAD 16～20 ADDBD
21～25 ACBDC 26～30 DAAAD

二、写出程序的运行结果
1. －1 2. 26 3. 120 4. 11 10 5. 13
6. 668977 7. 19 8. 0 0 0 8 9. 18 10. 2

三、程序填空
1. 【1】rewind(fp1); 【2】fputc(fgetc(fp1),fp2);
2. 【1】p＜PER＋3
3. 【1】break
4. 【1】english_name[n]
5. 【1】*p_string2++
6. 【1】s1[i]=s2[i];

四、编程 C 语言程序
第 1 题：
参考代码：

```
#include <stdio.h>
void main()
{   int prime(int);
    int n;
    printf("请输入一个整数：");
    scanf("%d",&n);
    if(prime(n)) printf("\n%d 是一个素数.\n",n);
    else printf("\n%d 不是一个素数.\n",n);
}
int prime(int n)
{   int flag=1,i;
    for(i=2;i<n/2&&flag==1;i++)
        if(n%i==0)flag=0;
    return(flag);
}
```

第 2 题：
参考代码：

```
#include <stdio.h>
#include <math.h>
float ss(int a,int b,int c)
{   float s,p;
    p=(a+b+c)/2;
```

```
    s = sqrt(p*(p-a)*(p-b)*(p-c));
    return(s);
}
void main()
{   float a,b,c,area;
    scanf("%f,%f,%f",&a,&b,&c);
    if(a+b>c&&b+c>a&&c+a>b){area=ss(a,b,c);
    printf("area = %.2f\n",area);}
    else printf("它不是一个三角形");
}
```

第 3 题：

参考代码：

```
#include<stdio.h>
int f(int n)
{   int a;
    if(n==1)a=10;
    else a=f(n-1)+2;
    return(a);
}
void main()
{   printf("age = %d\n",f(5));}
```

第 4 题：

参考代码：

```
#include<stdio.h>
void main()
{   char at[100],bt[50],*p,*t;
    scanf("%s%s",at,bt);
    for(p=at; *p; p++);
    for(t=bt; *t; t++);
    for(t--; t-bt>=0; t--,p++)
        *p = *t;
    *p = '\0';
    printf("\n%s",at);
}
```

3.2 二级模拟真题及参考答案

全国计算机等级考试(National Computer Rank Examination, NCRE)，是经原国家教育委员会(现教育部)批准，由教育部考试中心主办，面向社会，用于考查应试人员计算机应用知识与技能的全国性计算机水平考试体系。自 2013 年 3 月实施无纸化考试,即只有上机考试,单项选择题 40 分(含公共基础知识部分 10 分),操作题 60 分(包括填空题 18 分、改错题 18 分及编程题 24 分)。考试时长 120 分钟,满分 100 分。考试环境:Windows 7 操作系统,Visual C++ 6.0 环境。

2013 年 3 月份全国计算机等级考试
二级 C 语言笔试+上机题库

一、选择题

在下列各题的 A)、B)、C)、D) 4 个选项中,只有一个选项是正确的。

1. 为了避免流程图在描述程序逻辑时的灵活性,提出了用方框图来代替传统的程序流程图,通常也把这种图称为( )。

   A) PAD 图   B) N-S 图
   C) 结构图   D) 数据流图

2. 结构化程序设计主要强调的是( )。

   A) 程序的规模   B) 程序的效率
   C) 程序设计语言的先进性 D) 程序的易读性

3. 为了使模块尽可能独立,要求( )。

   A) 模块的内聚程度要尽量高,且各模块间的耦合程度要尽量强
   B) 模块的内聚程度要尽量高,且各模块间的耦合程度要尽量弱
   C) 模块的内聚程度要尽量低,且各模块间的耦合程度要尽量弱
   D) 模块的内聚程度要尽量低,且各模块间的耦合程度要尽量强

4. 需求分析阶段的任务是确定( )。

   A) 软件开发方法   B) 软件开发工具
   C) 软件开发费用   D) 软件系统功能

5. 算法的有穷性是指( )。

   A) 算法程序的运行时间是有限的   B) 算法程序所处理的数据量是有限的
   C) 算法程序的长度是有限的   D) 算法只能被有限的用户使用

6. 对长度为 n 的线性表排序,在最坏情况下,比较次数不是 $n(n-1)/2$ 的排序方法是( )。

   A) 快速排序   B) 冒泡排序
   C) 直接插入排序   D) 堆排序

7. 如果进栈序列为 e1,e2,e3,e4,则可能的出栈序列是( )。

   A) e3,e1,e4,e2   B) e2,e4,e3,e1
   C) e3,e4,e1,e2   D) 任意顺序

8. 将 E-R 图转换到关系模式时,实体与联系都可以表示成( )。

   A) 属性   B) 关系   C) 键   D) 域

9. 有三个关系 R、S 和 T 如下：

R:

B	C	D
a	0	k1
b	1	n1

S:

B	C	D
f	3	h2
a	0	k1
n	2	x1

T:

B	C	D
a	0	k1

由关系 R 和 S 通过运算得到关系 T，则所使用的运算为（　　）。

　　A）并　　　　　　　B）自然连接　　　　C）笛卡儿积　　　　D）交

10. 下列有关数据库的描述，正确的是（　　）。

　　A）数据处理是将信息转化为数据的过程

　　B）数据的物理独立性是指当数据的逻辑结构改变时，数据的存储结构不变

　　C）关系中的每一列称为元组，一个元组就是一个字段

　　D）如果一个关系中的属性或属性组并非该关系的关键字，但它是另一个关系的关键字，则称其为本关系的外关键字

11. 以下叙述中正确的是（　　）。

　　A）用 C 程序实现的算法必须要有输入和输出操作

　　B）用 C 程序实现的算法可以没有输出但必须要有输入

　　C）用 C 程序实现的算法可以没有输入但必须要有输出

　　D）用 C 程序实现的算法可以既没有输入也没有输出

12. 下列可用于 C 语言用户标识符的一组是（　　）。

　　A）void，define，WORD　　　　　　B）a3_3，_123，Car

　　C）For，−abc，IF Case　　　　　　 D）2a，DO，sizeof

13. 以下选项中可作为 C 语言合法常量的是（　　）。

　　A）−80　　　　B）−080　　　　C）−8e1.0　　　　D）−80.0e

14. 若有语句：char *line[5];以下叙述中正确的是（　　）。

　　A）定义 line 是一个数组，每个数组元素是一个基类型为 char 的指针变量

　　B）定义 line 是一个指针变量，该变量可以指向一个长度为 5 的字符型数组

　　C）定义 line 是一个指针数组，语句中的 * 号称为间址运算符

　　D）定义 line 是一个指向字符型函数的指针

15. 以下定义语句中正确的是（　　）。

　　A）int a=b=0;　　　　　　　　　　B）char A=65+1,b='b';

　　C）float a=1,*b=&a,*c=&b;　　　　D）double a=0.0;b=1.1;

16. 有以下程序段：

```
char ch;    int  k;
ch = 'a';k = 12;
printf("%c,%d,",ch,ch,k);    printf("k = %d \n",k);
```

已知字符 a 的 ASCII 码值为 97，则执行上述程序段后的输出结果是（　　）。

A) 因变量类型与格式描述符的类型不匹配输出无定值
B) 输出项与格式描述符个数不符,输出为零值或不定值
C) a,97,12k=12
D) a,97,k=12

17. 有以下程序:

```
main()
{   int   i,s=1;
    for (i=1;i<50;i++)
    if(!(i%5)&&!(i%3))   s+=i;
    printf("%d\n",s);
}
```

程序的输出结果是(　　)。

  A) 409   B) 277   C) 1   D) 91

18. 当变量 c 的值不为 2、4、6 时,值也为"真"的表达式是(　　)。

  A) (c==2) || (c==4) || (c==6)
  B) (c>=2&& c<=6) || (c!=3) || (c!=5)
  C) (c>=2&&c<=6)&&!(c%2)
  D) (c>=2&& c<=6)&&(c%2!=1)

19. 若变量已正确定义,有以下程序段:

```
int  a=3,b=5,c=7;
if(a>b)   a=b;   c=a;
if(c!=a)   c=b;
printf("%d,%d,%d\n",a,b,c);
```

其输出结果是(　　)。

  A) 程序段有语法错　B) 3,5,3   C) 3,5,5   D) 3,5,7

20. 有以下程序:

```
#include<stdio.h>
main()
{   int  x=1,y=0,a=0,b=0;
    switch(x)
    {   case 1:
        switch(y)
        { case 0:a++; break;
          case 1:b++; break;
        }
        case 2:a++; b++; break;
        case 3:a++; b++;
    }
    printf("a=%d,b=%d\n",a,b);
}
```

程序的运行结果是(　　)。

  A) a=1,b=0 B) a=2,b=2 C) a=1,b=1 D) a=2,b=1

21. 下列程序的输出结果是（　　）。

```
# include < stdio.h >
main()
{   int i,a = 0,b = 0;
    for(i = 1;i < 10;i++)
    { if(i % 2 == 0)     {a++; continue;}
      b++;
    }
    printf("a = % d,b = % d",a,b);
}
```

  A) a=4,b=4 B) a=4,b=5 C) a=5,b=4 D) a=5,b=5

22. 已知

```
# int t = 0;
while (t = 1) {...}
```

则以下叙述正确的是（　　）。

  A) 循环控制表达式的值为 0

  B) 循环控制表达式的值为 1

  C) 循环控制表达式不合法

  D) 以上说法都不对

23. 下面程序的输出结果是（　　）。

```
main()
{ int a[10] = {1,2,3,4,5,6,7,8,9,10}, * p = a;
  printf(" % d\n", * (p + 2));}
```

  A) 3 B) 4 C) 1 D) 2

24. 以下错误的定义语句是（　　）。

  A) int x[ ][3]={{0},{1},{1,2,3}};

  B) int x[4][3]={{1,2,3},{1,2,3},{1,2,3},{1,2,3}};

  C) int x[4][ ]={{1,2,3},{1,2,3},{1,2,3},{1,2,3}};

  D) int x[ ][3]={1,2,3,4};

25. 有以下程序：

```
void ss(char * s,char t)
{ while( * s) { if( * s == t) * s = t - 'a' + 'A'; s++; } }
main()
{ char str1[100] = "abcddfefdbd",c = 'd'; ss(str1,c); printf(" % s\n",str1);}
```

程序运行后的输出结果是（　　）。

  A) ABCDDEFEDBD   B) abcDDfefDbD

  C) abcAAfefAbA   D) Abcddfefdbd

26. 有以下程序：

main()

```
{ char ch[2][5] = {"6937","8254"}, * p[2];
  int i,j,s = 0;
  for(i = 0;i < 2;i++)p[i] = ch[i];
  for(i = 0;i < 2;i++)
  for(j = 0;p[i][j]>'\0';j += 2)
  s = 10 * s + p[i][j] - '0';
  printf("%d\n",s);
}
```

该程序的输出结果是(   )。

A) 69825　　　　B) 63825　　　　C) 6385　　　　D) 693825

27. 有定义语句：char s[10];，若要从终端给 s 输入 5 个字符,错误的输入语句是(   )。

A) gets(&s[0]);　　　　　　　　B) scanf("%s",s+1);
C) gets(s);　　　　　　　　　　D) scanf("%s",s[1]);

28. 以下叙述中错误的是(   )。

A) 在程序中凡是以"#"开始的语句行都是预处理命令行
B) 预处理命令行的最后不能以分号表示结束
C) #define MAX 是合法的宏定义命令行
D) C 程序对预处理命令行的处理是在程序执行的过程中进行的

29. 设有以下说明语句：

```
typedef struct
{ int n;
  char ch[8];
} PER;
```

则下面叙述中正确的是(   )。

A) PER 是结构体变量名　　　　B) PER 是结构体类型名
C) typedef struct 是结构体类型　D) struct 是结构体类型名

30. 以下叙述中错误的是(   )。

A) gets 函数用于从终端读入字符串
B) getchar 函数用于从磁盘文件读入字符
C) fputs 函数用于把字符串输出到文件
D) fwrite 函数用于以二进制形式输出数据到文件

31. 以下能正确定义一维数组的选项是(   )。

A) int a[5]={0,1,2,3,4,5};
B) char a[ ]={'0','1','2','3','4','5','\0'};
C) char a={'A','B','C'};
D) int a[5]="0123";

32. 有以下程序：

```
#include<string.h>
main()
{ char p[ ] = {'a', 'b', 'c'},q[10] = {'a', 'b', 'c'};
  printf("%d%d\n",strlen(p),strlen(q));}
```

以下叙述中正确的是（　　）。

　　A) 给 p 和 q 数组置初值时，系统会自动添加字符串结束符，输出的长度都为 3

　　B) p 数组中没有字符串结束符，长度不能确定，但 q 数组中的字符串长度为 3

　　C) q 数组中没有字符串结束符，长度不能确定，但 p 数组中的字符串长度为 3

　　D) 由于 p 和 q 数组中都没有字符串结束符，故长度都不能确定

33．有以下程序：

```
#include<stdio.h>
#include<string.h>
void fun(char *s[],int n)
{ char *t;       int i,j;
  for(i=0;i<n-1;i++)
  for(j=i+1;j<n;j++)
  if(strlen(s[i])>strlen(s[j]))  {t=s[i];s[i]=s[j];s[j]=t;}
}
main()
{ char *ss[]={"bcc","bbcc","xy","aaaacc","aabcc"};
  fun(ss,5);       printf("%s,%s\n",ss[0],ss[4]);
}
```

程序的运行结果是（　　）。

　　A) xy,aaaacc　　　　B) aaaacc,xy　　　　C) bcc,aabcc　　　　D) aabcc,bcc

34．有以下程序：

```
#include<stdio.h>
int f(int x)
{ int y;
  if(x==0||x==1)  return(3);
  y=x*x-f(x-2);
  return y;
}
main()
{ int z;
  z=f(3);       printf("%d\n",z);
}
```

程序的运行结果是（　　）。

　　A) 0　　　　B) 9　　　　C) 6　　　　D) 8

35．下面程序段的运行结果是（　　）。

```
char str[]="ABC",*p=str;
printf("%d\n",*(p+3));
```

　　A) 67　　　　B) 0　　　　C) 字符'C'的地址　　　　D) 字符'C'

36．若有以下定义：

```
struct link
{ int data;
  struct link *next;
} a,b,c,*p,*q;
```

指针 p 指向变量 a，q 指向变量 c，则能够把 c 插入 a 和 b 之间并形成新的链表的语句组是（ ）。

  A) a.next=c; c.next=b;
  B) p.next=q; q.next=p.next;
  C) p—>next=&c; q—>next=p—>next;
  D) (*p).next=q; (*q).next=&b;

37. 对于下述程序，在方式串分别采用 wt 和 wb 运行时，两次生成的文件 TEST 的长度分别是（ ）。

```
#include<stdio.h>
void main()
{   FILE *fp=fopen("TEST",);
    fputc('A',fp);fputc('\n',fp);
    fputc('B',fp);fputc('\n',fp);
    fputc('C',fp);
    fclose(fp); }
```

  A) 7 字节、7 字节   B) 7 字节、5 字节
  C) 5 字节、7 字节   D) 5 字节、5 字节

38. 变量 a 中的数据用二进制表示的形式是 01011101，变量 b 中的数据用二进制表示的形式是 11110000。若要求将 a 的高 4 位取反，低 4 位不变，所要执行的运算是（ ）。

  A) a^b   B) a|b   C) a&b   D) a<<4

39. 下面的程序段运行后，输出结果是（ ）。

```
int i,j,x=0;
static int a[8][8];
for(i=0;i<3;i++)
  for(j=0;j<3;j++)
    a[i][j]=2*i+j;
for(i=0;i<8;i++)
    x+=a[i][j];
printf("%d",x);
```

  A) 9   B) 不确定值   C) 0   D) 18

40. 下列程序执行后的输出结果是（ ）。

```
void func(int *a,int b[])
{ b[0]=*a+6; }
main()
{   int a,b[5];
    a=0; b[0]=3;
    func(&a,b); printf("%d\n",b[0]);}
```

  A) 6   B) 7   C) 8   D) 9

选择题答案：

1. B【解析】N-S 图是由 Nassi 和 Shneiderman 提出的一种符合程序化结构设计原则的图形描述工具。它的提出是为了避免流程图在描述程序逻辑时的随意性及灵活性。

2. D【解析】结构化程序设计方法的主要原则可以概括为自顶向下、逐步求精、模块化及限制使用 goto 语句,总的来说可使程序结构良好、易读、易理解、易维护。

3. B【解析】模块的独立程度可以由两个定性标准量度:耦合性和内聚性。耦合性用于衡量不同模块彼此间互相依赖(连接)的紧密程度;内聚性用于衡量一个模块内部各个元素彼此结合的紧密程度。一般来说,要求模块之间的耦合尽可能地低,而内聚性尽可能地高。

4. D【解析】需求分析是软件定义时期的最后一个阶段,它的基本任务就是详细调查现实世界要处理的对象(组织、部门、企业等),充分了解原系统的工作概况,明确用户的各种需求,然后在此基础上确定新系统的功能。选项 A)软件开发方法是在总体设计阶段需完成的任务;选项 B)软件开发工具是在实现阶段需完成的任务;选项 C)软件开发费用是在可行性研究阶段需完成的任务。

5. A【解析】算法具有 5 个特性。①有穷性:一个算法必须(对任何合法的输入值)在执行有穷步之后结束,且每一步都可在有限时间内完成,即运行时间是有限的;②确定性:算法中每一条指令必须有确切的含义,读者理解时不会产生歧义;③可行性:一个算法是可行的,即算法中描述的操作都是可以通过已经实现的基本运算执行有限次来实现的;④输入:一个算法有零个或多个输入,这些输入取自于某个特定的对象的集合;⑤输出:一个算法有一个或多个输出。

6. D【解析】在最坏情况下,快速排序、冒泡排序和直接插入排序需要的比较次数都为 $n(n-1)/2$,堆排序需要的比较次数为 $n\log_2 n$。

7. B【解析】由栈"后进先出"的特点可知:A)中 e1 不可能比 e2 先出,C)中 e1 不可能比 e2 先出,D)中栈是先进后出的,所以不可能是任意顺序。B)出栈。

8. B【解析】关系数据库逻辑设计的主要工作是将 E-R 图转换成指定 RDBMS 中的关系模式。首先,从 E-R 图到关系模式的转换是比较直接的,实体与联系都可以表示成关系,E-R 图中属性也可以转换成关系的属性,实体集也可以转换成关系。

9. D【解析】在关系运算中,交的定义如下:设 $R1$ 和 $R2$ 为参加运算的两个关系,它们具有相同的度 n,且相对应的属性值取自同一个域,则 $R1$ 和 $R2$ 为交运算,结果仍为度等于 n 的关系,其中,交运算的结果既属于 $R1$,又属于 $R2$。

10. D【解析】数据处理是指将数据转换成信息的过程,故选项 A)叙述错误;数据的物理独立性是指数据的物理结构的改变,不会影响数据库的逻辑结构,故选项 B)叙述错误;关系中的行称为元组,对应存储文件中的记录,关系中的列称为属性,对应存储文件中的字段,故选项 C)叙述错误。

11. C【解析】算法具有的 5 个特性是:有穷性;确定性;可行性;有 0 个或多个输入;有一个或多个输出。所以说,用 C 程序实现的算法可以没有输入但必须要有输出。

12. B【解析】C 语言规定标识符只能由字母、数字和下划线三种字符组成,且第一个字符必须为字母或下划线,排除选项 C)和 D);C 语言中还规定标识符不能为 C 语言的关键字,而选项 A)中 void 为关键字,故排除选项 A)。

13. A【解析】选项 B)项中,以 0 开头表示是一个八进制数,而八进制数的取值范围是 0~7,所以-080 是不合法的;选项 C)和 D)中,e 后面的指数必须是整数,所以也不合法。

14. A【解析】C 语言中[ ]比 * 优先级高,因此 line 先与[5]结合,形成 line[5]形式,这是数组形式,它有 5 个元素,然后再与 line 前面的"*"结合,表示此数组是一个指针数组,每个数组元素都是一个基类型为 char 的指针变量。

15. B【解析】本题考查变量的定义方法。如果要一次进行多个变量的定义,则在它们之间要用逗号隔开,因此选项 A)和 D)错误。在选项 C)中,变量 c 是一个浮点型指针,它只能指向一个浮点型数据,不能指向指针变量 b,故选项 C)错误。

16. D【解析】输出格式控制符%c 表示将变量以字符的形式输出;输出格式控制符%d 表示将变量以带符号的十进制整型数输出,所以第一个输出语句输出的结果为 a,97;第二个输出语句输出的结果为 $k=12$。

17. D【解析】本题是计算 50 之内的自然数相加之和,题中 if 语句括号中的条件表达式!(i%5)&&!(i%3)表明只有能同时被 5 和 3 整除的数才符合相加的条件,1~49 满足这个条件的只有 15、30 和 45,因为 s 的初始值为 1,所以 $s=1+15+30+45=91$。

18. B【解析】满足表达式($c>=2$&&$c<=6$)的整型变量 c 的值是 2,3,4,5,6。当变量 c 的值不为 2,4,6 时,其值只能为 3 或 5,所以表达式 $c!=3$ 和 $c!=5$ 中至少有一个为真,即不论 c 为何值,选项 B)中的表达式都为"真"。

19. B【解析】两个 if 语句的判断条件都不满足,程序只执行了 $c=a$ 这条语句,所以变量 c 的值等于 3,变量 b 的值没能变化,程序输出的结果为 3,5,3。所以正确答案为 B。

20. D【解析】本题考查 switch 语句,首先,$x=1$ 符合条件 case 1,执行 switch(y)语句,$y=0$ 符合 case 0 语句,执行 $a++$ 并跳出 switch(y)语句,此时 $a=1$。因为 case 1 语句后面没有 break 语句,所以向后执行 case 2 语句,执行 $a++$,$b++$,然后跳出 switch(x),得 $a=2,b=1$。

21. B【解析】continue 语句的作用是跳过本次循环体中余下尚未执行的语句,接着再一次进行循环条件的判定。当能被 2 整除时,a 就会增 1,之后执行 continue 语句,直接执行到 for 循环体的结尾,进行 $i++$,判断循环条件。

22. B【解析】$t=1$ 是将 t 赋值为 1,所以循环控制表达式的值为 1。判断 t 是否等于 1时,应用 $t==1$,注意"="与"=="的用法。

23. A【解析】在 C 语言中,数组元素是从 0 开始的。指针变量 p 指向数组的首地址,($p+2$)就会指向数组中的第三个元素。题目中要求输出的是元素的值。

24. C【解析】本题考查的是二维数组的定义和初始化方法。C 语言中,在定义并初始化二维数组时,可以省略数组第一维的长度,但是不能省略第二维的长度。故选项 C)错误。

25. B【解析】在内存中,字符数据以 ASCII 码存储,它的存储形式与整数的存储形式类似。C 语言中,字符型数据和整型数据之间可以通用,也可以对字符型数据进行算术运算,此时相当于对它们的 ASCII 码进行算术运算,在本题中,$s++$ 相当于 $s=s+1$,即让 s 指向数组中的下一个元素。

26. C【解析】该题稍微难一点。主要要搞清楚以下几点:①定义了一个指针数组char * p[2]后,程序中第一个循环 for(i=0;i<2;i++)p[i]=ch[i];的作用,是使指针数组的 p[0]元素(它本身是一个指针)指向了二维数组 ch 的第一行字符串,并使指针数组的 p[1]元素指向二维数组 ch 的第二行字符串,这样,就使指针数组 p 和二维数组 ch 建立起了一种对应关系,以后对二维数组 ch 的某个元素的引用就有两种等价形式:ch[i][j]或 p[i][j]。②对二维数组 ch 的初始化,使其第一行 ch[0]中存入了字符串"6937",第二行 ch[1]中的内

容为字符串"8254"。③程序中第二个循环中的循环体 s=s*10+p[i][j]-'0';的功能是这样的,每执行一次,将 s 中的值乘以 10(也即,将 s 中的数值整体向左移动一位,并在空出来的个位上添一个 0,再将当前 p[i][j]中的字符量转换为相应的数字,然后把这个数字加到 s 的个位上。④注意到内层循环的循环条件 p[i][j]>'\0'是指 p[i][j]中的字符只要不是字符串结束标志'\0'就继续循环,语句 j+=2;是使下标 j 每次增加 2,也即一个隔一个地从 p[i]所指向的字符串中取出字符。经过上述解析后,不难看出,该程序首先从 p[0]所指向的字符串"6937"中一个隔一个地取出字符,分别是'6'和'3',然后从 p[1]所指向的字符串"8254"中一个隔一个地取出字符,分别是'8'和'5',同时经过转换和相加运算后,结果 s 中的值应该是 6385。

27. D【解析】在格式输入中,要求给出的是变量的地址,而 D)答案中给出的 s[1]是一个值的表达式。

28. D【解析】C 语言中的预处理命令以符号#开头,这些命令是在程序编译之前进行处理的,选项 D)的描述错误。

29. B【解析】本题中,typedef 声明新的类型名 PER 来代替已有的类型名,PER 代表上面指定的一个结构体类型,此时,也可以用 PER 来定义变量。

30. B【解析】getchar 函数的作用是从终端读入一个字符。

31. B【解析】选项 A)中,定义的初值个数大于数组的长度;选项 C)中,数组名后少了中括号;选项 D)中,整型数组不能赋予字符串。

32. A【解析】在给 p 和 q 数组赋初值时,系统会自动添加字符串结束符,从题目中可以看出数组 p 和 q 都有三个字符,所以长度均为 3。

33. A【解析】函数 fun(char *s[],int n)的功能是对字符串数组的元素按照字符串的长度从小到大排序。在主函数中执行 fun(ss,5)语句后,*ss[]={"xy","bcc","bbcc","aabcc","aaaacc"},ss[0]和 ss[4]的输出结果为 xy,aaaacc。

34. C【解析】函数 int f(int x)是一个递归函数调用,当 x 的值等于 0 或 1 时,函数值等于 3,其他情况下 y=x2-f(x-2),所以在主函数中执行语句 z=f(3)时,y=3*3-f(3-2)=9-f(1)=9-3=6。

35. B【解析】考查指向字符串的指针变量。在该题中,指针变量 p 指向的应该是该字符串中的首地址,p+3 指向的是字符串结束标志'\0'的地址,因而*(p+3)的值为 0。

36. D【解析】本题考查链表的数据结构,必须利用指针变量才能实现,即一个节点中应包含一个指针变量,用它存放下一节点的地址。

37. B【解析】以 wt 方式写入的是字符文件,转义字符'\n'被看作两个字符来处理。而 wb 方式写入的是二进制文件,转义字符'\n'是一个字符。

38. A【解析】本题考查的是位运算的知识,对于任何二进制数,和 1 进行异或运算会让其取反,而和 0 进行异或运算不会产生任何变化。

39. C【解析】本题主要考查的是用二维数组首地址和下标来引用二维数组元素的方法。通过分析可知,程序中的双重循环定义了一个以下的二维数组:

$$
\begin{matrix} 0 & 1 & 2 \\ 2 & 3 & 4 \\ 4 & 5 & 6 \end{matrix}
$$

由于数组的下标是从 0 开始的,所以二维数组元素 $a[i][j]$ 表示的是二维数组 a 的第 $i+1$ 行、第 $j+1$ 列对应位置的元素。

40. A 【解析】函数的参数不仅可以是整型、实型、字符型等数据,还可以是指针型。它的作用是将一个变量的地址传递到另一个函数中。当数组名作参数时,如果形参数组中的各元素的值发生变化,实参数组元素的值也将随之发生变化。

二、程序题

1. 给定程序的功能是:求 1/2 圆面积,函数通过形参得到圆的半径,函数返回 1/2 的圆面积。

例如,输入圆的半径值 19.527,输出为 s=598.949 991。

注意:部分源程序给出如下。

请勿改动 main 函数和其他函数中的任何内容,仅在横线上填入所编写的若干表达式或语句。

试题程序:

```
#include<stdio.h>
double fun( double r)
{
    return 3.14159*【1】/2.0;
}
void main()
{
    double x;
    printf("Enter x: ");
    scanf("%lf",【2】);
    printf("s=%lf\n",fun(【3】));
}
```

【参考答案】

【1】r*r   【2】&x   【3】x

【考点分析】

本题考查:圆面积计算公式 $S=\pi*r*r$;scanf()函数的形式,其一般形式为"scanf("格式控制字符串",地址表列);",注意地址是由地址运算符"&"后跟变量名组成的;printf()函数的一般形式为"printf("格式控制字符串",输出表列);";函数实参调用,函数作为另一个函数调用的实际参数出现。

【解题思路】

填空 1:计算圆的面积,公式为 $S=\pi*r*r$;。

填空 2:scanf()函数的一般形式为 scanf(格式控制,地址表列),因此填入 &x。

填空 3:函数的实际参数是圆的半径 x。

2. 下列给定程序中,函数 fun 的功能是:计算 $S=f(-n)+f(-n+1)+\cdots+f(0)+f(1)+f(2)+\cdots+f(n)$ 的值。

例如,当 n 为 5 时,函数值应为 10.407 143。$f(x)$ 函数定义如下:

$$f(x)=\begin{cases}(x+1)/(x-2) & (x>0)\\ 0 & (x=0 \text{ 或 } x=2)\\ (x-1)/(x-2) & (x<0)\end{cases}$$

请改正程序中的错误,使它能得出正确的结果。

注意:不要改动 main 函数,不得增行或删行,也不得更改程序的结构。

试题程序:

```c
#include<stdlib.h>
#include<conio.h>
#include<stdio.h>
#include<math.h>
/ *************** found *************** /
f(double x)
{
if(x==0.0||x==2.0)
    return 0.0;
else if(x<0.0)
    return(x-1)/(x-2);
else
    return(x+1)/(x-2);
}
double fun(int n)
{ int i;   double s=0.0,y;
    for(i=-n; i<=n;i++)
        { y=f(1.0*i); s+=y;}
/ *************** found *************** /
    return s
}
void main()
{ system("CLS");
    printf("%f\n", fun(5));
}
```

【参考答案】

(1) 错误:f(double x)　　　正确:double f(double x)

(2) 错误:return s　　　　　正确:return s;

【考点分析】

本题考查:函数的定义,其一般形式为"类型标识符函数名(形式参数表列)",其中类型标识符指明了本函数的类型,函数的类型实际上是函数返回值的类型。

【解题思路】

该程序的流程是,fun()程序对 $f(n)$ 项循环累加,并且采用条件选择语句计算函数 $f(x)$ 的值。本题的错误在于未定义函数 $f(double\ x)$ 的返回值类型。C 语言规定,在未显式声明的情况下,函数返回值默认为 int 型。

3. 编写函数 fun,函数的功能是:根据以下公式计算 s,计算结果作为函数值返回;n 通过形参传入。$s=1+1/(1+2)+1/(1+2+3)+\cdots+1/(1+2+3+\cdots+n)$

例如,若 n 的值为 11,函数的值为 1.833 333。

注意:部分源程序给出如下。

请勿改动 main 函数和其他函数中的任何内容,仅在函数 fun 的花括号中填入所编写的若干语句。

试题程序：

```c
#include <conio.h>
#include <stdio.h>
#include <string.h>
#include <stdlib.h>
float fun(int n)
{

}
void main()
{ FILE *wf;
  int n;
  float s;
  system("CLS");
  printf("\nPlease enter N: ");
  scanf("%d",&n);
  s=fun(n);
  printf("The result is: %f\n", s);
  /******************************/
  wf=fopen("out.dat","w");
  fprintf(wf,"%f",fun(11));
  fclose(wf);
  /******************************/
}
```

【参考答案】

```c
float fun(int n)
{   int i,s1=0;              /*定义整型变量s1,表示分母*/
    float s=0.0;             /*定义单精度变量s,表示每一项*/
    for(i=1;i<=n;i++)
    {   s1=s1+i;             /*求每一项的分母*/
        s=s+1.0/s1;          /*求多项式的值*/
    }
    return s;
}
```

【考点分析】

本题考查：计算给定表达式的值，根据题意判断表达式为 $1\sim n$ 累加倒数之和。变量数据类型及强制转换操作。for 循环语句，一般情况下需要确定循环变量的取值范围。使用 return 语句完成函数值的返回。

【解题思路】

本题可以通过 for 循环语句来实现第 $1\sim n$ 项的变化，然后计算各项的累加和。方法是先根据题目要求定义变量（注意该变量的数据类型），然后对其进行初始化操作，因为该变量用作累加器，所以初始值应为 0（或 0.0，根据变量数据类型来确定），再通过 for 循环语句来完成累加过程。

本题中 s1 用来表示式中每一项的分母，它可以由前一项的分母加项数得到。注意：由于 s1 定义成一个整型，所以在 $s=s+1.0/s1$ 中不能把 1.0 写成 1。

参 考 文 献

[1] 王丽君.C语言程序设计习题与指导[M].北京：清华大学出版社,2009.
[2] 谭浩强.C程序设计题解与上机指导(第3版)[M].北京：清华大学出版社,2007.
[3] 常东超.C语言程序设计习题精选与实验指导[M].北京：清华大学出版社,2010-2.
[4] 田丽华.C语言程序设计上机指导与习题解答[M].北京：北京邮电大学出版社,2009.
[5] 王志立.C语言程序设计上机实训与习题集[M].北京：地质出版社,2009.
[6] 常林.C语言程序设计习题解答与实验指导[M].北京：北京大学出版社,2010.
[7] 蔡庆华.案例式C语言实验与习题指导[M].北京：高等教育出版社,2012.
[8] 全国计算机等级考试命题研究组.全国计算机等级考试上机考试与题库解析：二级C语言.北京：北京邮电大学出版社,2011.
[9] 新思路教育科技研究中心.全国计算机等级考试新版上机考试题库.成都：电子科技大学出版社,2009-9.